船舶与海洋工程系列教材

U0173318

张量分析基础与流体力学基本方程

编　著　姜玉廷　岳国强　高　杰

哈爾濱工程大學出版社
Harbin Engineering University Press

内容简介

张量分析是用来研究固体力学、流体力学及电磁学理论等相关问题的一种强有力的数学工具。应用张量分析不会改变物理问题的本质,但会使物理概念更加明确,方程由复杂变得清晰,且张量在任何坐标系中具有不变性,有利于对众多领域的问题开展进一步的探讨与研究。

本书系统地介绍了张量与流体力学的基本内容,主要包括两个部分:第1章至第3章是张量分析基础,研究了张量的基本概念、性质与代数运算,以及不同坐标系中的张量坐标变换等内容;第4章是张量在流体力学中的应用,介绍了流体力学基本方程在直角坐标系、正交坐标系及曲线坐标系中的张量表达形式,并探讨了一些流体简单流动中的张量。本书内容力求深入浅出,通俗易懂,以便于初学者理解和自学。各章附有典型例题与习题。

本书可作为理工科硕、博研究生相关基础数学课程的教材,也可作为相关领域科技工作者的参考用书。

图书在版编目(CIP)数据

张量分析基础与流体力学基本方程 / 姜玉廷,岳国强,高杰编著. — 哈尔滨 :哈尔滨工程大学出版社,2024.2

ISBN 978-7-5661-4312-9

Ⅰ. ①张… Ⅱ. ①姜… ②岳… ③高… Ⅲ. ①张量分析②流体力学 Ⅳ. ①O183.2②O35

中国国家版本馆 CIP 数据核字(2024)第 053250 号

张量分析基础与流体力学基本方程
ZHANGLIANG FENXI JICHU YU LIUTI LIXUE JIBEN FANGCHENG

选题策划 雷 霞
责任编辑 关 鑫
封面设计 李海波

出版发行 哈尔滨工程大学出版社
社　　址 哈尔滨市南岗区南通大街 145 号
邮政编码 150001
发行电话 0451-82519328
传　　真 0451-82519699
经　　销 新华书店
印　　刷 哈尔滨市海德利商务印刷有限公司
开　　本 787 mm×1 092 mm 1/16
印　　张 7.25
字　　数 184 千字
版　　次 2024 年 2 月第 1 版
印　　次 2024 年 2 月第 1 次印刷
书　　号 ISBN 978-7-5661-4312-9
定　　价 35.00 元

http://www.hrbeupress.com
E-mail:heupress@hrbeu.edu.cn

前　言

“高等流体力学”和“张量分析”是动力工程及工程热物理和相近学科研究生重要的专业基础课程，是学习其他专业课程的基础和工具。“高等流体力学”是一门理论性较强的课程，需要张量分析与场论，以及正交曲线坐标系中张量微分的相关知识作为基础。张量作为无法看到结构的“更复杂的量”，其数学形式具有高度抽象性，使得很多学生“怕”接触有关张量的问题，这也直接降低了他们对“高等流体力学”课程的学习兴趣。“流体力学难懂”“流体力学太复杂”，学生对流体力学的这种认知多半是由张量的复杂性与高阶张量结构的不可认知性造成的。这极大地阻碍了流体力学相关课程的教学与学习。因此，在经典的张量定义之外，找到一种与现有数学量具有传承性的张量定义并展示其结构，使学生对张量不再感到“神秘”，就成为我们在流体力学教学过程中首要解决的问题。此外，张量作为一种运算工具和表达方式，在广义相对论、流体力学等许多领域中都有着广泛的应用，如众所周知的牛顿运动方程就必须用一个特殊的惯性坐标来描述。牛顿流体的本构关系、无旋流和涡旋运动、流体运动微分方程等用向量分析的方法描述，形式简洁、严密。但是长期以来，“高等流体力学”课程教材里很少体现张量相关知识，而“张量分析”课程的教材里也缺少关于流体力学的张量应用部分，这严重影响了“高等流体力学”和“张量分析”两门课程的教学与学习效果。因此，编著本书的主要目的是将“高等流体力学”和“张量分析”两门课程的内容有机结合起来，让学生真正掌握相关知识，达到学以致用的目的。

本书在“高等流体力学”和“张量分析”两门课程内容之间建造了一座“桥梁”，让学生在学习过程中既能够掌握张量分析这一数学工具基础，又能深刻理解流体力学复杂的流体流动控制方程，实现融汇贯通。此外，本书通过对张量和流体力学的基本概念和基础知识的介绍，培养学生的数学抽象思维能力，使之掌握张量分析的基本思想，具有应用张量分析方法解决流体力学科研和工程领域的问题的能力，为后续专业课程的学习及以后的科学研究工作奠定坚实基础。

本书在编著过程中立足于学习者视角，注重启发其学习兴趣，引导其从最基本的专业术语和概念出发，将张量分析中的数学思想逐步渗入流体力学复杂的流动控制方程领域，使其在学习过程中逐步增强对流体力学复杂的流动控制方程的认识。本书内容由浅入深，在基础部分利用简单明了的张量及流体力学专业基础知识对复杂的概念及数学方程进行解读，并通过具体案例实践对难点和重点进行深入阐释，增强学习者的学习兴趣和信心，循序渐进地鼓励其探索更深层次的张量分析基础与流体力学基本方程知识。

本书由哈尔滨工程大学动力与能源工程学院姜玉廷、岳国强、高杰编著，全书由姜玉廷统稿。

本书出版由哈尔滨工程大学高水平研究生教材建设培育项目等资助，在编著过程中得到哈尔滨工程大学动力与能源工程学院、研究生院的大力支持和帮助，并得到多位研究生的协助，在此表示感谢！

本书内容参考了许多著作，其中不乏优秀和经典之作，已在参考文献中详细列出，在此对这些著作的作者表示诚挚的谢意。

由于时间仓促和作者水平有限,书中难免有疏漏和不妥之处,恳请各位同行、专家、读者批评指正,以便进一步修订完善。

作　者

2023 年 1 月

目　　录

第1章　直角坐标系中的矢量和张量

1.1　符号及求和约定

1.1.1　指标记法

在物理学中，我们已经学习了有关矢量的基本知识。在直角坐标系中，通常用 x、y、z 表示直角坐标系的坐标。如图 1-1 所示，空间某一点 $P(x,y,z)$ 的位置矢量可写成

$$\boldsymbol{R}=x\boldsymbol{i}+y\boldsymbol{j}+z\boldsymbol{k} \tag{1-1-1}$$

式中，$\boldsymbol{i}$、$\boldsymbol{j}$、$\boldsymbol{k}$ 表示沿坐标轴 x、y、z 方向的单位矢量（图 1-1(a)），称为单位基矢量；x、y、z 称为矢量 $\boldsymbol{R}$ 的分量。

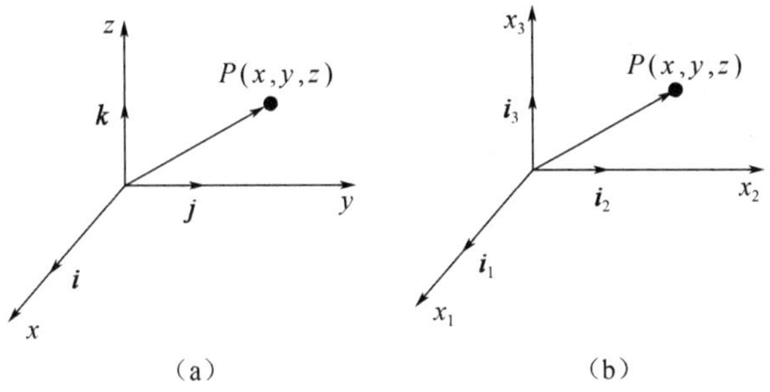

图 1-1　点 P 在空间中的位置示意

现在我们把 x、y、z 分别改写成 x_1、x_2、x_3，然后统一用 $x_i(i=1,2,3)$ 来表示；类似地，把 $\boldsymbol{i}$、$\boldsymbol{j}$、$\boldsymbol{k}$ 分别改写成 $\boldsymbol{i}_1$、$\boldsymbol{i}_2$、$\boldsymbol{i}_3$（图 1-1(b)），然后统一用 $\boldsymbol{i}_i(i=1,2,3)$ 来表示。于是式(1-1-1)可写成

$$\boldsymbol{R}=x_1\boldsymbol{i}_1+x_2\boldsymbol{i}_2+x_3\boldsymbol{i}_3=\sum_{i=1}^{3}x_i\boldsymbol{i}_i \tag{1-1-2}$$

一般情况下，$x_i(i=1,2,\cdots,N)$ 代表 N 个量，即 $x_1,x_2,\cdots,x_N$；而 $x_{ij}(i=1,2,\cdots,N;j=1,2,\cdots,M)$ 代表 $N\times M$ 个量，即

$$\begin{matrix} x_{11},x_{12},\cdots,x_{1M} \\ x_{21},x_{22},\cdots,x_{2M} \\ \vdots \\ x_{N1},x_{N2},\cdots,x_{NM} \end{matrix}$$

$x_{ijk}(i=1,2,\cdots,L;j=1,2,\cdots,M;k=1,2,\cdots,N)$ 代表 $L\times M\times N$ 个量，依次类推。这种**采用赋值字母为指标的表示方法称为指标记法**。

指标分上标和下标两种,如 x_{ij} 中的指标 i、j 为下标,x^{pq} 中的指标 p、q 为上标。对于直角坐标系,可以将所有的指标写成下标,因此本章只采用下标。

1.1.2　求和约定及哑标

设有求和表达式

$$\boldsymbol{S}=a_1\boldsymbol{i}_1+a_2\boldsymbol{i}_2+\cdots+a_N\boldsymbol{i}_N \tag{1-1-3}$$

利用求和记号 $\sum$,可将式(1-1-3)写成

$$\boldsymbol{S}=\sum_{i=1}^{N}a_i\boldsymbol{i}_i \tag{1-1-4}$$

现在我们将式(1-1-4)写成更紧凑的形式:

$$\boldsymbol{S}=a_i\boldsymbol{i}_i \quad (i=1,2,\cdots,N) \tag{1-1-5}$$

式中,$a_i(i=1,2\cdots,N)$称为矢量 $\boldsymbol{S}$ 的分量。式(1-1-5)省略了求和记号 $\sum$,即采用了爱因斯坦(Einstein)求和约定。下面对爱因斯坦求和约定做出解释:**若某个指标在某一项中重复出现,而且仅重复一次,则该项代表一个和式,按重复指标的取值范围求和。这就是爱因斯坦所提出的求和约定(summation convention)**(简称"求和约定")。其中 i 称为哑标,它满足以下哑标规则:

(1)在同一项中,某个指标重复出现,且仅重复出现一次,表示遍历其取值范围求和(对于二维,从 1 至 2 求和;对于三维,从 1 至 3 求和)。

(2)每对哑标的字母可以用相同取值范围的另一对字母替换,其意义不变。例如,

$$a_ix_i=a_mx_m \quad \left(因为 \sum_{i=1}^{3}a_ix_i=\sum_{m=1}^{3}a_mx_m\right) \tag{1-1-6}$$

$$a_{ii}=a_{kk} \quad \left(因为 \sum_{i=1}^{3}a_{ii}=\sum_{m=1}^{3}a_{kk}\right) \tag{1-1-7}$$

注意:如果在某一项中,重复指标出现两次以上,该指标便失去了求和的含义,不再是哑标了。例如,

$$a_{ij}x_ix_jx_j=\sum_{i=1}^{3}a_{ij}x_ix_jx_j\neq\sum_{i=1}^{3}\sum_{j=1}^{3}a_{ij}x_ix_jx_j \tag{1-1-8}$$

式(1-1-8)等号左边 i 是哑标,j 不是哑标;又如,

$$(a_ix_i)^2=a_ix_ia_jx_j\neq a_ix_ia_ix_i \tag{1-1-9}$$

对于爱因斯坦求和约定,一定要分清哑标和自由指标,如在直角坐标系中

$$\begin{aligned}a_{ii}&=a_{11}+a_{22}+a_{33}\\ a_ib_i&=a_1b_1+a_2b_2+a_3b_3\end{aligned} \tag{1-1-10}$$

而 $a_ib_j-a_jb_i$ 中没有哑标,故其不包含任何求和运算。它共表示 9 个式子,即

$$c_{ij}=a_ib_j-a_jb_i \quad (i=1,2,3;j=1,2,3) \tag{1-1-11}$$

可写成

$$c_{11}=a_1b_1-a_1b_1$$

$$c_{12}=a_1b_2-a_2b_1$$

$$c_{13}=a_1b_3-a_3b_1$$
$$\cdots \tag{1-1-12}$$

又如 $a_{ij}b_{ik}$ 中的 i 为哑标,j、k 为自由指标,它共表示 9 个式子:

$$c_{jk}=a_{1j}b_{1k}+a_{2j}b_{2k}+a_{3j}b_{3k} \quad (j=1,2,3;k=1,2,3) \tag{1-1-13}$$

所以有

$$c_{11}=a_{11}b_{11}+a_{21}b_{21}+a_{31}b_{31}$$
$$c_{12}=a_{11}b_{12}+a_{21}b_{22}+a_{31}b_{32}$$
$$c_{13}=a_{11}b_{13}+a_{21}b_{23}+a_{31}b_{33}$$
$$\cdots \tag{1-1-14}$$

1.1.3　自由指标

设有方程组

$$\begin{cases} y_1=a_{11}x_1+a_{12}x_2+a_{13}x_3 \\ y_2=a_{21}x_1+a_{22}x_2+a_{23}x_3 \\ y_3=a_{31}x_1+a_{32}x_2+a_{33}x_3 \end{cases} \tag{1-1-15}$$

按照爱因斯坦求和约定,方程组(1-1-15)可以写成

$$\begin{cases} y_1=a_{1m}x_m \\ y_2=a_{2m}x_m \\ y_3=a_{3m}x_m \end{cases} \tag{1-1-16}$$

或

$$y_i=a_{im}x_m \quad (i=1,2,3) \tag{1-1-17}$$

式(1-1-17)中的指标 i 不是哑标。**凡不属于哑标的指标均称为自由指标(free index)**。式(1-1-17)也可以写成

$$y_j=a_{jm}x_m \quad (j=1,2,3) \tag{1-1-18}$$

在同一方程中,每一项的自由指标必须相同。例如,

$$a_i+b_i=c_i \quad (i=1,2,3) \tag{1-1-19}$$

$$y_j=a_{jm}x_m \quad (j=1,2,3) \tag{1-1-20}$$

$$T_{ij}=A_{im}A_{jm} \quad (i=1,2,3;j=1,2,3) \tag{1-1-21}$$

而方程 $a_i=b_{jm}x_m$ 是没有意义的。

1.1.4　克罗内克符号

克罗内克符号(Kronecker delta)δ_{ij} 的定义为

$$\delta_{ij}=\begin{cases} 1 & (i=j) \\ 0 & (i\neq j) \end{cases} \tag{1-1-22}$$

按此定义可推导出下列结果:

(1)δ_{ij} 是关于指标 i 和 j 对称的,即

$$\delta_{ij}=\delta_{ji} \tag{1-1-23}$$

(2)

$$\delta_{ii}=\delta_{11}+\delta_{22}+\delta_{33}=3 \tag{1-1-24}$$

(3)

$$\begin{cases}\delta_{1m}a_m=\delta_{11}a_1+\delta_{12}a_2+\delta_{13}a_3=a_1\\ \delta_{2m}a_m=a_2\\ \delta_{3m}a_m=a_3\end{cases} \tag{1-1-25}$$

或

$$\delta_{im}a_m=a_i \quad (i=1,2,3) \tag{1-1-26a}$$

$$\delta_{mi}a_m=a_i \tag{1-1-26b}$$

(4)

$$\begin{cases}\delta_{1m}T_{mj}=\delta_{11}T_{1j}+\delta_{12}T_{2j}+\delta_{13}T_{3j}=T_{1j}\\ \delta_{2m}T_{mj}=T_{2j}\\ \delta_{3m}T_{mj}=T_{3j}\end{cases} \tag{1-1-27a}$$

或

$$\delta_{im}T_{mj}=T_{ij} \tag{1-1-27b}$$

类似地有

$$\delta_{mi}T_{jm}=T_{ji} \tag{1-1-28a}$$

$$\delta_{im}\delta_{mj}=\delta_{ij} \tag{1-1-28b}$$

$$\delta_{im}\delta_{mj}\delta_{jk}=\delta_{ik} \tag{1-1-28c}$$

由式(1-1-28)可以看出,**克罗内克符号能起到改换自由指标的作用**。

例如,利用 δ_{ij} 可以把线元长度的平方公式改写成 $ds^2=\delta_{ij}dx_idx_j$。

利用 δ_{ij} 的定义,可以验证

$$\begin{aligned}ds^2=\delta_{ij}dx_idx_j&=\delta_{11}dx_1dx_1+\delta_{12}dx_1dx_2+\delta_{13}dx_1dx_3+\delta_{21}dx_2dx_1+\delta_{22}dx_2dx_2+\\&\quad\delta_{23}dx_2dx_3+\delta_{31}dx_3dx_1+\delta_{32}dx_3dx_2+\delta_{33}dx_3dx_3\\&=\delta_{11}dx_1dx_1+\delta_{22}dx_2dx_2+\delta_{33}dx_3dx_3\\&=dx_1dx_1+dx_2dx_2+dx_3dx_3\\&=dx_idx_i\end{aligned} \tag{1-1-29}$$

(5)

$$\delta_{ij}=\boldsymbol{i}_i\cdot\boldsymbol{i}_j \tag{1-1-30}$$

式(1-1-30)表明 δ_{ij} 为单位基矢量 $\boldsymbol{i}_i$ 与 $\boldsymbol{i}_j$ 的点积。

1.1.5 置换符号

在定义置换张量之前,先介绍一下关于指标偶排列、奇排列的概念。

一个具有 3 个指标的符号 b_{ijk},指标 i、j、k 的取值范围均为 1,2,3,共有 27 种取法。指标 ijk 的原始排列顺序为 123,若将其中的任一对指标变为 132、213 或 321,则称为指标的一次置换;在此基础上再将任一对指标互换一次称为指标的二次置换,可得到 312、123、231。如此可以定义指标的 k 次置换,k 为奇数时称为奇置换,k 为偶数时称为偶置换。由原始顺序轮换得到的 123、231、312 这 3 种指标排列称为偶排列,因为它们只能由偶置换得到;由原始顺序轮换得到的 321、213、132 这 3 种指标排列称为奇排列,因为它们只能由奇置换得到。ijk 在其取值范围内除上述 6 种排列外,其余的 21 种取法均有 2 或 3 个指标相同的情况。

置换符号(permutation symbol)e_{ijk} 的定义为

$$e_{ijk}=\begin{cases}1 & (\text{若 } i、j、k \text{ 形成 } 1,2,3 \text{ 的循环序列①(或偶次置换)}) \\ -1 & (\text{若 } i、j、k \text{ 形成 } 3,2,1 \text{ 的循环序列(或奇次置换)}) \\ 0 & (\text{若 } i、j、k \text{ 中有相同的指标})\end{cases} \tag{1-1-31}$$

例如,

$$\begin{cases}e_{123}=e_{231}=e_{312}=1 \\ e_{321}=e_{132}=e_{213}=-1 \\ e_{111}=e_{112}=e_{113}=\cdots=e_{333}=0\end{cases} \tag{1-1-32}$$

此时,e_{ijk} 共代表 27 个量,其中 21 个为 0。显然,

$$e_{ijk}=e_{kij}=e_{jki}=-e_{kji}=-e_{ikj}=-e_{jik} \tag{1-1-33}$$

e_{ijk} 还有另外一种定义方式:

$$e_{ijk}=\begin{vmatrix}\delta_{i1} & \delta_{i2} & \delta_{i3} \\ \delta_{j1} & \delta_{j2} & \delta_{j3} \\ \delta_{k1} & \delta_{k2} & \delta_{k3}\end{vmatrix} \tag{1-1-34}$$

此时,e_{ijk} 共有 27 个元素,其中只有 3 个元素为 1,3 个元素为-1,其余元素都是 0。

在直角坐标系中,设有 2 个矢量

$$\boldsymbol{A}=A_i\boldsymbol{i}_i,\boldsymbol{B}=B_i\boldsymbol{i}_i \tag{1-1-35}$$

2 个矢量的点积为

$$\boldsymbol{A}\cdot\boldsymbol{B}=A_iB_i \tag{1-1-36}$$

设 2 个矢量的矢积为 $\boldsymbol{D}$,即 $\boldsymbol{A}\times\boldsymbol{B}=D_i\boldsymbol{i}_i$,则有

$$D_i=e_{ijk}A_jB_k \tag{1-1-37}$$

另设矢量 $\boldsymbol{C}=C\boldsymbol{i}$,则 3 个矢量 $\boldsymbol{A}$、$\boldsymbol{B}$、$\boldsymbol{C}$ 的混合积为

$$[\boldsymbol{A}\quad\boldsymbol{B}\quad\boldsymbol{C}]=e_{ijk}A_iB_jC_k \tag{1-1-38}$$

$\boldsymbol{e}$-δ 恒等式为

$$\begin{aligned}e_{ijk}e_{rst}&=\begin{vmatrix}\delta_{i1} & \delta_{i2} & \delta_{i3} \\ \delta_{j1} & \delta_{j2} & \delta_{j3} \\ \delta_{k1} & \delta_{k2} & \delta_{k3}\end{vmatrix}\begin{vmatrix}\delta_{r1} & \delta_{s1} & \delta_{t1} \\ \delta_{r2} & \delta_{s2} & \delta_{t2} \\ \delta_{r3} & \delta_{s3} & \delta_{t3}\end{vmatrix} \\ &=\begin{vmatrix}\delta_{ir} & \delta_{is} & \delta_{it} \\ \delta_{jr} & \delta_{js} & \delta_{jt} \\ \delta_{kr} & \delta_{ks} & \delta_{kt}\end{vmatrix}\end{aligned} \tag{1-1-39}$$

如果有 1 对哑标,如 $r=i$,则按行列式展开为

$$\begin{aligned}e_{ijk}e_{ist}&=\begin{vmatrix}\delta_{ii} & \delta_{is} & \delta_{it} \\ \delta_{ji} & \delta_{js} & \delta_{jt} \\ \delta_{ki} & \delta_{ks} & \delta_{kt}\end{vmatrix} \\ &=\delta_{ii}\begin{vmatrix}\delta_{js} & \delta_{jt} \\ \delta_{ks} & \delta_{kt}\end{vmatrix}-\delta_{ji}\begin{vmatrix}\delta_{is} & \delta_{it} \\ \delta_{ks} & \delta_{kt}\end{vmatrix}+\delta_{ki}\begin{vmatrix}\delta_{is} & \delta_{it} \\ \delta_{js} & \delta_{jt}\end{vmatrix}\end{aligned}$$

---

① 所谓“1,2,3 的循环序列”是指指标 1,2,3 的排列保持 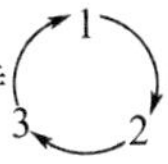

中顺时针方向的顺序。

$$= 3\begin{vmatrix}\delta_{js} & \delta_{jt} \\ \delta_{ks} & \delta_{kt}\end{vmatrix} - \begin{vmatrix}\delta_{js} & \delta_{jt} \\ \delta_{ks} & \delta_{kt}\end{vmatrix} - \begin{vmatrix}\delta_{js} & \delta_{jt} \\ \delta_{ks} & \delta_{kt}\end{vmatrix}$$

$$= \begin{vmatrix}\delta_{js} & \delta_{jt} \\ \delta_{ks} & \delta_{kt}\end{vmatrix}$$

$$= \delta_{js}\delta_{kt} - \delta_{ks}\delta_{jt} \qquad (1\text{-}1\text{-}40)$$

所以

$$e_{ijk}e_{ist} = \delta_{js}\delta_{kt} - \delta_{jt}\delta_{ks} \qquad (1\text{-}1\text{-}41)$$

如果有 2 对哑标，再令 $s=j$，则

$$e_{ijk}e_{ijt} = \delta_{jj}\delta_{kt} - \delta_{kj}\delta_{jt} = 3\delta_{kt} - \delta_{kt} = 2\delta_{kt} \qquad (1\text{-}1\text{-}42)$$

所以

$$e_{ijk}e_{ijt} = 2\delta_{kt} \qquad (1\text{-}1\text{-}43)$$

如果有 3 对哑标，则

$$e_{ijk}e_{ijk} = 2\delta_{kk} = 6 \qquad (1\text{-}1\text{-}44)$$

再令式(1-1-37)中的 $\boldsymbol{A}$、$\boldsymbol{B}$ 分别为 $\boldsymbol{i}_j$、$\boldsymbol{i}_k$，可得

$$\boldsymbol{i}_j \times \boldsymbol{i}_k = e_{ijk}\boldsymbol{i}_i \qquad (1\text{-}1\text{-}45)$$

将式(1-1-45)等号两边点乘 $\boldsymbol{i}_m$，便得

$$\boldsymbol{i}_m \cdot \boldsymbol{i}_j \times \boldsymbol{i}_k = e_{ijk}\boldsymbol{i}_i \cdot \boldsymbol{i}_m = e_{ijk}\delta_{im} = e_{mjk} \qquad (1\text{-}1\text{-}46)$$

即

$$e_{ijk} = \boldsymbol{i}_i \cdot \boldsymbol{i}_j \times \boldsymbol{i}_k \qquad (1\text{-}1\text{-}47)$$

可见，e_{ijk} 是直角坐标系中基矢量的混合积(数性三重积)①。

最后我们引入关于行列式的计算公式。在直角坐标系中，以下行列式可以写为

$$|a_{ij}| = \begin{vmatrix}a_{11} & a_{12} & a_{13} \\ a_{21} & a_{22} & a_{23} \\ a_{31} & a_{32} & a_{33}\end{vmatrix}$$

$$= a_{11}a_{22}a_{33} + a_{21}a_{32}a_{12} + a_{31}a_{12}a_{23} \quad \text{(循环序列)}$$

$$= -a_{31}a_{22}a_{13} - a_{21}a_{12}a_{33} - a_{11}a_{32}a_{23} \quad \text{(逆排列)} \qquad (1\text{-}1\text{-}48)$$

所以 $|a_{ij}|$ 用排列符号可间接地表示成

$$|a_{ij}| = \pm a_{i1}a_{j2}a_{k3} = e_{ijk}a_{i1}a_{j2}a_{k3} \qquad (1\text{-}1\text{-}49)$$

1.1.6　指标记法的运算特点

1. 求和

只有自由指标完全相同的项才能相加(或减)，例如，

$$a_{ij} + b_{ij} = C_{ij},\ a_i + \delta_{im}b_m = C_{ik}d_k \qquad (1\text{-}1\text{-}50)$$

而 $a_{ij}+b_{ik}$、a_i+b_{ij} 都是无意义的。

2. 代入

设

① 根据式(1-1-31)中给出的置换符号 e_{ijk} 的定义，(1-1-47)中的基矢量 $\boldsymbol{i}_1$、$\boldsymbol{i}_2$、$\boldsymbol{i}_3$ 应构成右手坐标系。关于这个问题将在 1.2 节的例 3 中进一步说明。

$$a_i = U_{im} b_m , b_i = V_{im} C_m \tag{1-1-51}$$

将 b_i 代入 a_i 中得 $a_i = U_{im} V_{mn} C_n$。

注意:在代入计算后仍不能违背哑标规则。

3. 乘积

设

$$p = a_m b_m ,\ q = c_m d_m \tag{1-1-52}$$

则 p、q 的乘积为

$$pq = a_m b_m c_n d_n \tag{1-1-53}$$

不能直接写成

$$pq = a_m b_m c_m d_m \tag{1-1-54}$$

注意:在乘积计算后仍不能违背哑标规则,相应的哑标应该相邻。

4. 因子分解

设

$$T_{ij} n_j - \lambda n_i = 0 \tag{1-1-55}$$

将 n_j 作为公因子提出来,必须先把 n_i 写成 $\delta_{ij} n_j$,即

$$T_{ij} n_j - \lambda \delta_{ij} n_j = (T_{ij} - \lambda \delta_{ij}) n_j = 0 \tag{1-1-56}$$

注意:式(1-1-56)中不能因 $n_j \neq 0$ 而断定 $T_{ij} - \lambda \delta_{ij} = 0$。式(1-1-56)相当于

$$(T_{i1} - \lambda \delta_{i1}) n_1 + (T_{i2} - \lambda \delta_{i2}) n_2 + (T_{i3} - \lambda \delta_{i3}) n_3 = 0 \tag{1-1-57}$$

若 n_j 具有任意性,则由式(1-1-56)可得 $T_{ij} - \lambda \delta_{ij} = 0$。例如,取 $n_1 = 1, n_2 = n_3 = 0$,由式(1-1-57)可得 $T_{i1} - \lambda \delta_{i1} = 0$;类似地,取 $n_2 = 1, n_1 = n_3 = 0$ 和 $n_3 = 1, n_1 = n_2 = 0$,可得 $T_{i2} - \lambda \delta_{i2} = 0, T_{i3} - \lambda \delta_{i3} = 0$。这 3 个等式可统一地写成 $T_{ij} - \lambda \delta_{ij} = 0$。

1.1.7 直角坐标系下的矢量运算

1. 矢量的点积

对于三维空间的 2 个矢量 $\boldsymbol{A}$ 和 $\boldsymbol{B}$,有 $\boldsymbol{A} = A_i \boldsymbol{i}_i$、$B = \boldsymbol{B}_i \boldsymbol{i}_i$,则 2 个矢量的点积为

$$\boldsymbol{A} \cdot \boldsymbol{B} = A_i \boldsymbol{i}_i \cdot B_j \boldsymbol{i}_j = A_i B_j \delta_{ij} = A_i B_i \tag{1-1-58}$$

2. 矢量的矢积

$$\begin{aligned}\boldsymbol{A} \times \boldsymbol{B} &= \begin{vmatrix} \boldsymbol{i}_1 & \boldsymbol{i}_2 & \boldsymbol{i}_3 \\ A_1 & A_2 & A_3 \\ B_1 & B_2 & B_3 \end{vmatrix} \\ &= (A_2 B_3 - A_3 B_2) \boldsymbol{i}_1 + (A_3 B_1 - A_1 B_2) \boldsymbol{i}_2 + (A_1 B_2 - B_1 A_2) \boldsymbol{i}_3 \\ &= e_{ijk} A_j B_k \boldsymbol{i}_i \end{aligned} \tag{1-1-59}$$

3. 矢量的混合积

$$\begin{aligned}\boldsymbol{A} \cdot \boldsymbol{B} \times \boldsymbol{C} &= A_i \boldsymbol{i}_i \cdot B_j \boldsymbol{i}_j \times C_k \boldsymbol{i}_k \\ &= A_i B_j C_k i_i \cdot i_j \times i_k \\ &= e_{ijk} A_i B_j C_k \\ &= \begin{vmatrix} A_1 & A_2 & A_3 \\ B_1 & B_2 & B_3 \\ C_1 & C_2 & C_3 \end{vmatrix} \end{aligned} \tag{1-1-60}$$

根据行列式基本运算得

$$\begin{vmatrix} A_1 & A_2 & A_3 \\ B_1 & B_2 & B_3 \\ C_1 & C_2 & C_3 \end{vmatrix} = \begin{vmatrix} B_1 & B_2 & B_3 \\ C_1 & C_2 & C_3 \\ A_1 & A_2 & A_3 \end{vmatrix} = e_{ijk}B_iC_jA_k = \boldsymbol{B}\cdot\boldsymbol{C}\times\boldsymbol{A} \tag{1-1-61}$$

同理可得

$$\begin{vmatrix} A_1 & A_2 & A_3 \\ B_1 & B_2 & B_3 \\ C_1 & C_2 & C_3 \end{vmatrix} = \begin{vmatrix} C_1 & C_2 & C_3 \\ A_1 & A_2 & A_3 \\ B_1 & B_2 & B_3 \end{vmatrix} = e_{ijk}C_iA_jB_k = \boldsymbol{C}\cdot\boldsymbol{A}\times\boldsymbol{B} \tag{1-1-62}$$

所以$\boldsymbol{A}\cdot\boldsymbol{B}\times\boldsymbol{C}=\boldsymbol{B}\cdot\boldsymbol{C}\times\boldsymbol{A}=\boldsymbol{C}\cdot\boldsymbol{A}\times\boldsymbol{B}$。

例 1 证明:$\boldsymbol{A}\times(\boldsymbol{B}\times\boldsymbol{C})=-(\boldsymbol{A}\times\boldsymbol{B})\times\boldsymbol{C}$。

证明

$$\begin{aligned}
\boldsymbol{A}\times(\boldsymbol{B}\times\boldsymbol{C}) &= A_i\boldsymbol{i}_i\times(B_j\boldsymbol{i}_j\times C_k\boldsymbol{i}_k)\\
&= A_iB_jC_k\boldsymbol{i}_i\times e_{jkm}\boldsymbol{i}_m\\
&= e_{jkm}A_iB_jC_ke_{imn}\boldsymbol{i}_n\\
&= e_{jkm}e_{imn}A_iB_jC_k\boldsymbol{i}_n\\
&= e_{mjk}e_{mni}A_iB_jC_k\boldsymbol{i}_n\\
&= (\delta_{jn}\delta_{ki}-\delta_{ji}\delta_{kn})A_iB_jC_k\boldsymbol{i}_n\\
&= \delta_{jn}\delta_{ki}A_iB_jC_k\boldsymbol{i}_n-\delta_{ji}\delta_{kn}A_iB_jC_k\boldsymbol{i}_n\\
&= A_iB_nC_i\boldsymbol{i}_n-A_iB_iC_n\boldsymbol{i}_n\\
&= (\boldsymbol{A}\cdot\boldsymbol{C})\boldsymbol{B}-(\boldsymbol{A}\cdot\boldsymbol{B})\boldsymbol{C}\\
&= -(\boldsymbol{A}\times\boldsymbol{B})\times\boldsymbol{C}
\end{aligned}$$

例 2 若$\boldsymbol{A}=A_i\boldsymbol{i}_i$、$\boldsymbol{B}=B_i\boldsymbol{i}_i$、$\boldsymbol{C}=C_i\boldsymbol{i}_i$、$\boldsymbol{D}=D_i\boldsymbol{i}_i$,则证明:

(1)$\boldsymbol{A}\cdot\boldsymbol{B}=A_iB_i$

(2)$\boldsymbol{A}\times\boldsymbol{B}=A_iB_je_{ijk}\boldsymbol{i}_k$

(3)$\boldsymbol{A}\cdot\boldsymbol{B}\times\boldsymbol{C}=e_{ijk}A_iB_jC_k$

(4)$\boldsymbol{A}\times(\boldsymbol{B}\times\boldsymbol{C})=(\boldsymbol{A}\cdot\boldsymbol{C})\boldsymbol{B}-(\boldsymbol{A}\cdot\boldsymbol{B})\boldsymbol{C}$

(5)$(\boldsymbol{A}\times\boldsymbol{B})\cdot(\boldsymbol{C}\times\boldsymbol{D})=(\boldsymbol{A}\cdot\boldsymbol{C})(\boldsymbol{B}\cdot\boldsymbol{D})-(\boldsymbol{A}\cdot\boldsymbol{D})(\boldsymbol{B}\cdot\boldsymbol{C})$

(6)$(\boldsymbol{A}\times\boldsymbol{B})\times(\boldsymbol{C}\times\boldsymbol{D})=\boldsymbol{B}(\boldsymbol{A}\cdot\boldsymbol{C}\times\boldsymbol{D})-\boldsymbol{A}(\boldsymbol{B}\cdot\boldsymbol{C}\times\boldsymbol{D})$

(7)$|\boldsymbol{A}\times\boldsymbol{B}|^2+|\boldsymbol{A}\cdot\boldsymbol{B}|^2=|\boldsymbol{A}|^2|\boldsymbol{B}|^2$

证明

(1)

$$\boldsymbol{A}\cdot\boldsymbol{B}=A_i\boldsymbol{i}_iB_j\boldsymbol{i}_j=A_iB_j\delta_{ij}=A_iB_j$$

(2)

$$\boldsymbol{A}\times\boldsymbol{B}=A_i\boldsymbol{i}_i\times B_j\boldsymbol{i}_j=A_iB_je_{ijk}\boldsymbol{i}_k$$

(3)

$$\begin{aligned}
\boldsymbol{A}\cdot\boldsymbol{B}\times\boldsymbol{C} &= A_i\boldsymbol{i}_i\cdot B_j\boldsymbol{i}_j\times C_k\boldsymbol{i}_k\\
&= A_iB_jC_k\boldsymbol{i}_i\cdot e_{jkm}\boldsymbol{i}_m\\
&= A_iB_jC_ke_{jkm}\delta_{im}
\end{aligned}$$

$$=e_{jki}A_iB_jC_k$$
$$=e_{ijk}A_iB_jC_k$$

（4）

$$\begin{aligned}\boldsymbol{A}\times(\boldsymbol{B}\times\boldsymbol{C})&=A_i\boldsymbol{i}_i\times(B_j\boldsymbol{i}_j\times C_k\boldsymbol{i}_k)\\&=A_iB_jC_k\boldsymbol{i}_i\times e_{jkm}\boldsymbol{i}_m\\&=e_{jkm}A_iB_jC_ke_{imn}\boldsymbol{i}_n\\&=e_{jkm}e_{imn}A_iB_jC_k\boldsymbol{i}_n\\&=e_{mjk}e_{mni}A_iB_jC_k\boldsymbol{i}_n\\&=(\delta_{jn}\delta_{ki}-\delta_{ji}\delta_{kn})A_iB_jC_k\boldsymbol{i}_n\\&=\delta_{jn}\delta_{ki}A_iB_jC_k\boldsymbol{i}_n-\delta_{ji}\delta_{kn}A_iB_jC_k\boldsymbol{i}_n\\&=A_iB_nC_i\boldsymbol{i}_n-A_iB_iC_n\boldsymbol{i}_n\\&=(\boldsymbol{A}\cdot\boldsymbol{C})\boldsymbol{B}-(\boldsymbol{A}\cdot\boldsymbol{B})\boldsymbol{C}\end{aligned}$$

（5）

$$\begin{aligned}(\boldsymbol{A}\times\boldsymbol{B})\cdot(\boldsymbol{C}\times\boldsymbol{D})&=(A_i\boldsymbol{i}_i\times B_j\boldsymbol{i}_j)\cdot(C_k\boldsymbol{i}_k\times D_m\boldsymbol{i}_m)\\&=A_iB_je_{ijn}\boldsymbol{i}_n\cdot C_kD_me_{kmr}\boldsymbol{i}_r\\&=e_{ijn}e_{kmr}A_iB_jC_kD_m\delta_{nr}\\&=e_{ijr}e_{kmr}A_iB_jC_kD_m\\&=(\delta_{ik}\delta_{jm}-\delta_{im}\delta_{jk})A_iB_jC_kD_m\\&=\delta_{ik}\delta_{jm}A_iB_jC_kD_m-\delta_{im}\delta_{jk}A_iB_jC_kD_m\\&=A_iB_jC_iD_j-A_iB_jC_jD_i\\&=(\boldsymbol{A}\cdot\boldsymbol{C})(\boldsymbol{B}\cdot\boldsymbol{D})-(\boldsymbol{A}\cdot\boldsymbol{D})(\boldsymbol{B}\cdot\boldsymbol{C})\end{aligned}$$

（6）

$$\begin{aligned}(\boldsymbol{A}\times\boldsymbol{B})\times(\boldsymbol{C}\times\boldsymbol{D})&=(A_i\boldsymbol{i}_i\times B_j\boldsymbol{i}_j)\times(C_k\boldsymbol{i}_k\times D_m\boldsymbol{i}_m)\\&=A_iB_je_{ijn}\boldsymbol{i}_n\times C_kD_me_{kmr}\boldsymbol{i}_r\\&=e_{ijn}e_{kmr}A_iB_jC_kD_me_{nrs}\boldsymbol{i}_s\\&=e_{kmr}e_{nij}e_{nrs}A_iB_jC_kD_m\boldsymbol{i}_s\\&=e_{kmr}(\delta_{ir}\delta_{js}-\delta_{is}\delta_{jr})A_iB_jC_kD_m\boldsymbol{i}_s\\&=e_{kmr}A_rB_sC_kD_m\boldsymbol{i}_s-e_{kmr}A_sB_rC_kD_m\boldsymbol{i}_s\\&=(e_{rkm}A_rC_kD_m)B_s\boldsymbol{i}_s-(e_{rkm}B_rC_kD_m)A_s\boldsymbol{i}_s\\&=\boldsymbol{B}(\boldsymbol{A}\cdot\boldsymbol{C}\times\boldsymbol{D})-\boldsymbol{A}(\boldsymbol{B}\cdot\boldsymbol{C}\times\boldsymbol{D})\end{aligned}$$

（7）因为

$$(\boldsymbol{A}\times\boldsymbol{B})\cdot(\boldsymbol{C}\times\boldsymbol{D})=(\boldsymbol{A}\cdot\boldsymbol{C})(\boldsymbol{B}\cdot\boldsymbol{D})-(\boldsymbol{A}\cdot\boldsymbol{D})(\boldsymbol{B}\cdot\boldsymbol{C})$$

所以

$$\begin{aligned}|\boldsymbol{A}\times\boldsymbol{B}|^2&=(\boldsymbol{A}\times\boldsymbol{B})\cdot(\boldsymbol{A}\times\boldsymbol{B})\\&=(\boldsymbol{A}\cdot\boldsymbol{A})(\boldsymbol{B}\cdot\boldsymbol{B})-(\boldsymbol{A}\cdot\boldsymbol{B})(\boldsymbol{B}\cdot\boldsymbol{A})\end{aligned}$$
$$|\boldsymbol{A}\cdot\boldsymbol{B}|^2=(\boldsymbol{A}\cdot\boldsymbol{B})(\boldsymbol{A}\cdot\boldsymbol{B})$$
$$|\boldsymbol{A}|^2|\boldsymbol{B}|^2=(\boldsymbol{A}\cdot\boldsymbol{A})(\boldsymbol{B}\cdot\boldsymbol{B})$$

得

$$|\boldsymbol{A}\times\boldsymbol{B}|^2+|\boldsymbol{A}\cdot\boldsymbol{B}|^2=|\boldsymbol{A}|^2|\boldsymbol{B}|^2$$

1.2 矢量的变化规律

1.2.1 坐标变换

在描述同一空间的物理问题时,可以根据实际需要选择不同的坐标系,同一个物理量(如矢量)在不同坐标系中往往可以用不同的分量加以定量描述。那么同一个物理量的不同分量之间有什么关系呢?下面对此进行阐释。

设有一组旧坐标系 x_i 及一组新坐标系 $x_{i'}$,它们之间的函数关系为 $x_i(x_{i'})$ 或 $x_{i'}(x_i)$,以下叙述中带符号“′”的表示属于新坐标系 $x_{i'}$,不带符号“′”的表示属于旧坐标系 x_i。

设有直角坐标系 $Ox_1x_2x_3$ 和 $Ox_{1'}x_{2'}x_{3'}$,它们具有共同的原点 O(图 1-2(a)),坐标系 $x_{i'}$ 相当于坐标系 x_i 旋转了一个角度。空间一点 P 在坐标系 $Ox_1x_2x_3$ 中的位置矢量 $\boldsymbol{R}$(即矢径)可写成(图 1-2(b))。图 1-2(c)为点 P 在新坐标系中的位置。

$$\boldsymbol{R}(x_1,x_2,x_3)=x_1\boldsymbol{i}_1+x_2\boldsymbol{i}_2+x_3\boldsymbol{i}_3=x_i\boldsymbol{i}_i \tag{1-2-1}$$

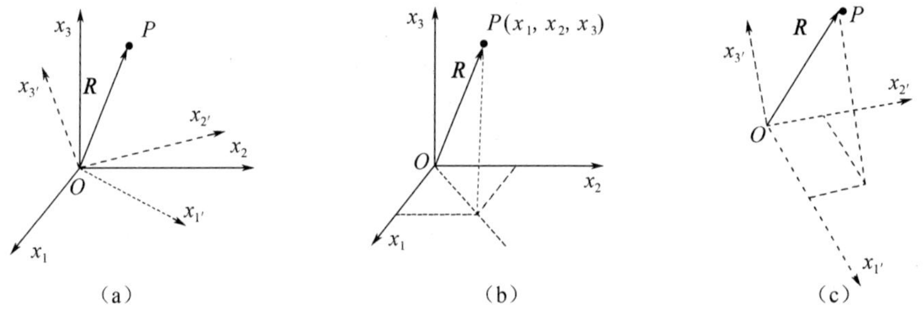

图 1-2 点 P 在坐标系中的位置

当坐标变化时,矢径的变化为

$$\mathrm{d}\boldsymbol{R}=\frac{\partial \boldsymbol{R}}{\partial x_1}\mathrm{d}x_1+\frac{\partial \boldsymbol{R}}{\partial x_2}\mathrm{d}x_2+\frac{\partial \boldsymbol{R}}{\partial x_3}\mathrm{d}x_3=\frac{\partial \boldsymbol{R}}{\partial x_i}\mathrm{d}x_i=\mathrm{d}x_i\boldsymbol{i}_i \tag{1-2-2}$$

式中,$\boldsymbol{i}_i$ 称为基矢量。空间中每点处有 3 个基矢量,它们组成一个坐标轴。

张量分析要研究一个物理规律在不同参考坐标系中的描述时,其数学表达形式有什么联系和区别。为此,我们来推导旧坐标系 x_i 与新坐标系 $x_{j'}$ 的正交标准化基 $\boldsymbol{i}_i$ 和 $\boldsymbol{i}_{i'}$ 分别满足的一些关系式:

(1)同一坐标系

$$\begin{aligned}\boldsymbol{i}_{i'}\cdot\boldsymbol{i}_{j'}&=\delta_{i'j'}\\ \boldsymbol{i}_i\cdot\boldsymbol{i}_j&=\delta_{ij}\end{aligned} \tag{1-2-3}$$

(2)不同坐标系

将 $\boldsymbol{i}_{i'}$ 对 $\boldsymbol{i}_i$ 分解得

$$\begin{aligned}\boldsymbol{i}_{i'}&=\cos(\boldsymbol{i}_{i'},\boldsymbol{i}_1)\boldsymbol{i}_i+\cos(\boldsymbol{i}_{i'},\boldsymbol{i}_2)\boldsymbol{i}_2+\cos(\boldsymbol{i}_{i'},\boldsymbol{i}_3)\boldsymbol{i}_3\\ &=\beta_{i'1}\boldsymbol{i}_1+\beta_{i'2}\boldsymbol{i}_2+\beta_{i'3}\boldsymbol{i}_3\\ &=\beta_{i'j}\boldsymbol{i}_j\end{aligned} \tag{1-2-4}$$

式中

$$\beta_{i'j}=\cos(\boldsymbol{i}_{i'},\boldsymbol{i}_j)=\boldsymbol{i}_{i'}\cdot\boldsymbol{i}_j=\boldsymbol{i}_{i'}\cdot\boldsymbol{i}_j \tag{1-2-5}$$

式中,$\beta_{i'j}$ 是新坐标轴 $\boldsymbol{i}_{i'}$ 和旧坐标轴 $\boldsymbol{i}_i$ 之间夹角的余弦值,称为转换系数。

反之,将 $\boldsymbol{i}_i$ 对 $\boldsymbol{i}_{i'}$ 分解得

$$\boldsymbol{i}_i=\beta_{1'i}\boldsymbol{i}_{1'}+\beta_{2'i}\boldsymbol{i}_{2'}+\beta_{3'i}\boldsymbol{i}_{3'}=\beta_{i'j}\boldsymbol{i}_{i'}$$

1.2.2 矢量分量的变换规律

设新、旧坐标系原点重合,空间点 P 的位置矢径 $\boldsymbol{R}$ 在新、旧坐标系中的分解式为

$$\boldsymbol{R}=x_{i'}\boldsymbol{i}_{i'}=x_i\boldsymbol{i}_i \tag{1-2-6}$$

将矢量 $\boldsymbol{R}$ 向新坐标轴投影,即用 $\boldsymbol{i}_{i'}$ 点乘式(1-2-6)中第二个等号的两边:

$$x_{k'}\boldsymbol{i}_{k'}\cdot\boldsymbol{i}_{i'}=x_j\boldsymbol{i}_j\cdot\boldsymbol{i}_{i'} \tag{1-2-7}$$

所以可推导出:

$$x_{i'}=\beta_{i'j}x_j \tag{1-2-8}$$

类似地,将矢量 $\boldsymbol{R}$ 向旧坐标投影(即点乘 $\boldsymbol{i}$),旧坐标用新坐标表示的表达式为

$$x_i=\beta_{ij'}x_{j'} \tag{1-2-9}$$

$$\beta_{i'j}=\frac{\partial x_{i'}}{\partial x_j}=\frac{\partial x_j}{\partial x_{i'}} \tag{1-2-10}$$

式(1-2-9)、式(1-2-10)就是矢量分量在不同坐标系间的变换关系式。

下面来看坐标变换的矩阵形式(设新、旧坐标系原点重合)将 $x_{j'}=\beta_{ij'}x_i$ 和 $x_i=\beta_{ij'}x_{j'}$ 写成矩阵形式:

$$\begin{bmatrix}x_{1'}\\x_{2'}\\x_{3'}\end{bmatrix}=\begin{bmatrix}\beta_{11'}&\beta_{12'}&\beta_{13'}\\\beta_{21'}&\beta_{22'}&\beta_{23'}\\\beta_{31'}&\beta_{32'}&\beta_{33'}\end{bmatrix}\begin{bmatrix}x_1\\x_2\\x_3\end{bmatrix}\quad 或\quad \boldsymbol{x}'=\boldsymbol{\beta x} \tag{1-2-11}$$

$$\begin{bmatrix}x_1\\x_2\\x_3\end{bmatrix}=\begin{bmatrix}\beta_{1'1}&\beta_{1'2}&\beta_{1'3}\\\beta_{2'1}&\beta_{2'2}&\beta_{2'3}\\\beta_{3'1}&\beta_{3'2}&\beta_{3'3}\end{bmatrix}\begin{bmatrix}x_1\\x_2\\x_2\end{bmatrix}\quad 或\quad \boldsymbol{x}=\boldsymbol{\beta}^{\mathrm{T}}\boldsymbol{x}' \tag{1-2-12}$$

式中,$\boldsymbol{\beta}$ 称为变换矩阵。

1.2.3 $\boldsymbol{\beta}$ 矩阵的互逆关系

1. 矩阵形式推导

由式(1-2-12)可知

$$\boldsymbol{x}=\boldsymbol{\beta}^{-1}\boldsymbol{x}$$

$$\boldsymbol{x}=\boldsymbol{\beta}^{\mathrm{T}}\boldsymbol{x}$$

$$\boldsymbol{\beta}^{\mathrm{T}}=\boldsymbol{\beta}^{-1} \tag{1-2-13}$$

式(1-2-13)等号两边乘以 $\boldsymbol{\beta}$ 得

$$\boldsymbol{\beta\beta}^{\mathrm{T}}=\boldsymbol{I} \tag{1-2-14}$$

所以 $\boldsymbol{\beta}$ 是正交矩阵,其行列式 $\det\boldsymbol{\beta}=1$。

2. 分量形式推导

由 $\boldsymbol{i}_{i'}=\beta_{i'j}\boldsymbol{i}_j$ 可知

$$\boldsymbol{i}_{i'}\cdot\boldsymbol{i}_{j'}=\beta_{i'l}i_l\cdot\beta_{j'k}i_k=\beta_{i'l}\beta_{j'l}\delta_{lk}=\beta_{i'k}\beta_{j'k}=\delta_{i'j'}=\begin{cases}1\\0\end{cases} \tag{1-2-15}$$

可见,变换系数 $\beta_{i'j}$ 存在互逆的关系:

$$\beta_{i'k}\beta_{j'k}=\delta_{i'j'} \tag{1-2-16}$$

同理,可求得另一互逆关系:

$$\boldsymbol{i}_i\cdot\boldsymbol{i}_j=\beta_{il'}i_{l'}\cdot\beta_{jk'}i_{k'}=\beta_{il'}\beta_{jk'}\delta_{l'k'}=\beta_{ik'}\beta_{jk'}=\delta_{ij}=\begin{cases}1\\0\end{cases} \tag{1-2-17}$$

可得

$$\beta_{ik'}\beta_{jk'}=\delta_{ij} \tag{1-2-18}$$

可见,两个坐标系的相对方向可由 $\beta_{i'j}=\cos(\boldsymbol{i}_{i'},\boldsymbol{i}_j)$ 的 9 个方向余弦来表征,这种变换称为正交变换。

定义 1　矢量 $\boldsymbol{A}$ 是由 3 个分量 $\boldsymbol{A}_i$ 组成的量,$\boldsymbol{A}_i$ 在坐标变换时服从变换规律(式(1-2-8)和式(1-2-9))。

这一定义与张量的定义(以后在 1.3 节中介绍)具有统一的形式。在张量语言中,矢量是一阶张量,标量是零阶张量。标量的定义如下:

定义 2　凡是只有 1 个分量,而且当坐标变换时其分量始终保持不变的量,称为标量。

设 $x_{i'}=\beta_{i'j}x_j$

$$(\beta_{i'j})=\begin{pmatrix}\frac{\sqrt{3}}{2} & \frac{1}{2} & 0\\ -\frac{\sqrt{3}}{4} & -\frac{3}{4} & \frac{1}{2}\\ \frac{1}{4} & -\frac{\sqrt{3}}{4} & \frac{\sqrt{3}}{2}\end{pmatrix}$$

例 1　在坐标系 x_j 中,矢量 $\boldsymbol{A}$ 的分量为(-1,2,-2)。求 $\boldsymbol{A}$ 在坐标系 $x_{i'}$ 中的分量。

解　由式(1-2-8)得

$$A_{1'}=\beta_{1'1}A_1+\beta_{1'2}A_2+\beta_{1'3}A_3=\frac{\sqrt{3}}{2}\cdot(-1)+\frac{1}{2}\cdot 2+0\cdot(-2)=1-\frac{\sqrt{3}}{2},$$

$$A_{2'}=\beta_{2'1}A_1+\beta_{2'2}A_2+\beta_{2'3}A_3=-\frac{\sqrt{3}}{4}\cdot(-1)+\left(-\frac{3}{4}\right)\cdot 2+\frac{1}{2}\cdot(-2)=\frac{1}{2}+\frac{\sqrt{3}}{4},$$

$$A_{3'}=\beta_{3'1}A_1+\beta_{3'2}A_2+\beta_{3'3}A_3=\frac{1}{4}\cdot(-1)+\left(-\frac{\sqrt{3}}{4}\right)\cdot 2+\frac{\sqrt{3}}{2}\cdot(-2)=-\frac{1}{4}-\frac{3\sqrt{3}}{2},$$

故 $\boldsymbol{A}=A_{1'}\boldsymbol{i}_{1'}+A_{2'}\boldsymbol{i}_{2'}+A_{3'}\boldsymbol{i}_{3'}=\left(1-\frac{\sqrt{3}}{2}\right)\boldsymbol{i}_{1'}-\left(\frac{1}{2}+\frac{\sqrt{3}}{4}\right)\boldsymbol{i}_{2'}-\left(-\frac{1}{4}-\frac{3\sqrt{3}}{2}\right)\boldsymbol{i}_{3'}$。

例 2　设 A_i 和 B_i 是空间中任意给定的两个矢量 $\boldsymbol{A}$ 和 $\boldsymbol{B}$ 在坐标系 x_i 中的分量。试证明:A_i+B_i 也是空间某个矢量的分量(即两矢量之和为矢量),而 A_iB_i 为一标量(即两矢量的标积为标量)。

证明　根据定义 1,矢量的分量服从式(1-2-8),故有

$$A_{i'}=\beta_{i'j}A_j, B_{i'}=\beta_{i'j}B_j$$

由此得

$$A_{i'}+B_{i'}=\beta_{i'j}(A_j+B_j)$$

可见,$A_{i'}+B_{i'}$也服从变换规律(式(1-2-8))。由定义 1 可知 $A_{i'}+B_{i'}$是某个矢量的分量。

根据式(1-2-9)和式(1-2-18)可得

$$\begin{aligned}A_{i'}B_{i'}&=(\beta_{i'j}A_j)(\beta_{i'k}B_k)\\&=\beta_{i'j}\beta_{i'k}A_jB_k\\&=\delta_{jk}A_jB_k\\&=A_jB_j\end{aligned}$$

由此可见,A_iB_i 在任何其他坐标系中数值保持不变,即 $A_{i'}B_{i'}=A_iB_i$。由定义 2 可知 A_iB_i 为一标量。

例 3 在坐标系 x_i 中,两矢量 $\boldsymbol{A}=A_j\boldsymbol{i}_j$ 和 $\boldsymbol{B}=B_k\boldsymbol{i}_k$ 的矢积为

$$\boldsymbol{A}\times\boldsymbol{B}=\boldsymbol{C}=C_i\boldsymbol{i}_i, C_i=e_{ijk}A_jB_k$$

在坐标系 $x_{i'}$($x_{i'}=\beta_{i'j}x_j$)中,有

$$\boldsymbol{A}=A_{j'}\boldsymbol{i}_{j'}, \boldsymbol{B}=B_{k'}\boldsymbol{i}_{k'}$$

$$\boldsymbol{A}\times\boldsymbol{B}=\boldsymbol{C}=C_{i'}\boldsymbol{i}_{i'}, C_{i'}=e_{i'j'k'}A_{j'}B_{k'}$$

若变换系数为

$$(\beta_{i'j})=\begin{pmatrix}0&0&1\\-1&0&0\\0&1&0\end{pmatrix}$$

试证明:$C_{i'}=-\beta_{i'j}C_j$。

证明 因为 $\boldsymbol{A}$、$\boldsymbol{B}$ 为矢量,由式(1-2-11)得

$$\begin{cases}A_{1'}=\beta_{1'1}A_1+\beta_{1'2}A_2+\beta_{1'3}A_3=A_3\\A_{2'}=\beta_{2'1}A_1+\beta_{2'2}A_2+\beta_{2'3}A_3=-A_1\\A_{3'}=\beta_{3'1}A_1+\beta_{3'2}A_2+\beta_{3'3}A_3=A_2\end{cases}$$

$$\begin{cases}B_{1'}=\beta_{1'k}B_k=B_3\\B_{2'}=\beta_{2'k}B_k=-B_1\\B_{3'}=\beta_{3'k}B_k=B_2\end{cases}$$

故

$$\begin{cases}C_{1'}=e_{1'j'k'}A_{j'}B_{k'}=A_{2'}B_{3'}-A_{3'}B_{2'}=-(A_1B_2-A_2B_1)\\C_{2'}=e_{2'j'k'}A_{j'}B_{k'}=A_{3'}B_{1'}-A_{1'}B_{3'}=A_2B_3-A_3B_2\\C_{3'}=e_{3'j'k'}A_{j'}B_{k'}=A_{1'}B_{2'}-A_{2'}B_{1'}=-(A_3B_1-A_1B_3)\end{cases}\tag{1-2-19}$$

然而 $\beta_{i'j}C_j$ 的展开式为

$$\begin{cases}\beta_{1'j}C_j=C_3=e_{3jk}A_jB_k=A_1B_2-A_2B_1\\\beta_{2'j}C_j=-C_1=-e_{1jk}A_jB_k=-(A_2B_3-A_3B_2)\\\beta_{3'j}C_j=C_2=e_{2jk}A_jB_k=A_3B_1-A_1B_3\end{cases}\tag{1-2-20}$$

对比式(1-2-19)和式(1-2-20),得

$$C_{i'}=-\beta_{i'j}C_j$$

这一结果表明,当进行上述坐标变换时,矢积 $\boldsymbol{C}=\boldsymbol{A}\times\boldsymbol{B}$ 的分量不完全服从变换规律(式

(1-2-9)),相差一个负号。因此,严格来说,矢积 $\boldsymbol{A}\times\boldsymbol{B}$ 不符合前文给出的矢量的定义。这种矢量称作伪矢量(pseudo vector)。完全符合定义 1 的矢量称作真矢量(true vector)或绝对矢量(absolute vector)。

倘若取变换系数为

$$(\beta_{i'j})=\begin{pmatrix}1 & 0 & 0\\ 0 & 0 & -1\\ 0 & 1 & 0\end{pmatrix} \tag{1-2-21}$$

便可以得到 $C_{i'}=\beta_{i'j}C_j$(读者可自行证明)。这是因为式(1-2-21)的变换仅是**旋转变换**(即坐标轴作为一个整体绕原点转过一个角度,如图 1-3(a)所示)。这种变换不会使坐标轴由右手系变为左手系(或相反)。但是式(1-2-14)的变换不仅是旋转变换,还包括反射变换(即两轴不动,另一轴转过 180°,如图 1-3(b)所示)。反射变换使坐标轴由右手系变为左手系(或相反)。当坐标系进行反射变换时要改变正负号的矢量,称为伪矢量。例如,两矢量 $\boldsymbol{A}$、$\boldsymbol{B}$ 构成的平行四边形的面积($\boldsymbol{S}=\boldsymbol{A}\times\boldsymbol{B}$),以及力矩、动量矩等都是两矢量的矢积。这些由矢积形成的矢量属于伪矢量。当坐标系进行反射变换①时,这些矢量的大小不变,但指向则转为相反方向。

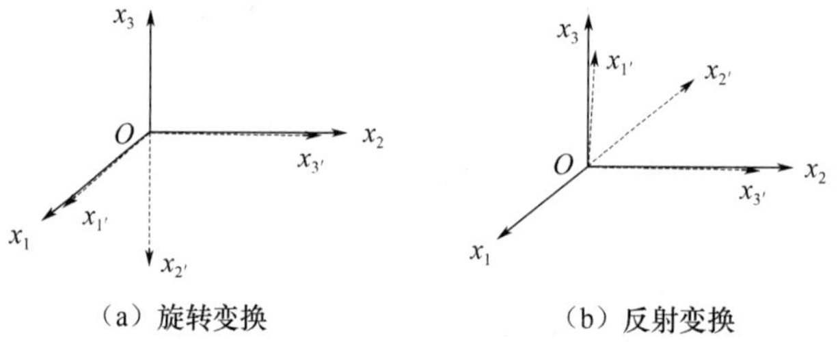

图 1-3　旋转变换与反射变换

1.3　笛卡儿分量

上面我们讨论了标量和矢量。标量是只有数值大小而无方向的量,如温度、密度等;矢量则是既有大小,又有方向的量,如速度、应力、电场强度等。

一个向量是由直角坐标系中的 3 个分量确定的,例如,向量 $\boldsymbol{V}$ 是由它的 3 个分量 V_i、V_j、V_k 确定的,即 $\boldsymbol{V}=\boldsymbol{i}V_i+\boldsymbol{j}V_j+\boldsymbol{k}V_k$,式中的 3 个分量都是数量,由此可见向量是由 3 个数量确定的。

在客观世界中,还有一系列的物理量或物体的某些属性需要多于 3 个的数量(或数量函数)才能确定,对此人们提出了"张量"的概念。张量有一阶张量、二阶张量、三阶张

---

① 判别某种变换是否包含反射变换时,可以考察变换系数的行列式:

$$\det(\beta_{i'j})=\begin{vmatrix}\beta_{1'1} & \beta_{1'2} & \beta_{1'3}\\ \beta_{2'1} & \beta_{2'2} & \beta_{2'3}\\ \beta_{3'1} & \beta_{3'2} & \beta_{3'3}\end{vmatrix}$$

的值。若 $\det(\beta_{i'j})$ 取负值,则表明这种变换包含反射变换。

量……n 阶张量。实际上,张量是三维空间的 n 次幂,如零阶张量是 3 的零次方,即为数量;一阶张量是 3 的一次方,即为向量,共有 3 个分量;二阶张量是 3 的平方,共有 9 个分量。不管是一阶、二阶还是 n 阶,它们都是某种物理量或属性的表示方法。

对于张量的讨论,可以采用直角坐标系,也可以采用一般曲线坐标系。如果张量用直角坐标系中的分量来表示,这种形式的张量称为笛卡儿张量(Cartesian tensors);如果张量用一般曲线坐标系中的分量来表示,这种形式的张量称为一般张量(general tensors)。因为直角坐标系是一般曲线坐标系的特殊情况,所以笛卡儿张量是一般张量的特殊情况。本章我们只讨论笛卡儿张量。

下面通过一个简单例子来说明二阶笛卡儿张量的定义。

有两个向量 $\boldsymbol{A}$、$\boldsymbol{B}$,它们的不定积用 $\boldsymbol{\Phi}$ 表示,即

$$\boldsymbol{\Phi}=\boldsymbol{AB} \tag{1-3-1}$$

将向量在坐标轴方向分解,得到

$$\begin{aligned}\boldsymbol{\Phi}&=\boldsymbol{AB}=(\boldsymbol{i}a_1+\boldsymbol{j}a_2+\boldsymbol{k}a_3)(\boldsymbol{i}b_1+\boldsymbol{j}b_2+\boldsymbol{k}b_3)\\&=\boldsymbol{ii}a_1b_1+\boldsymbol{ij}a_1b_2+\boldsymbol{ik}a_1b_3+\boldsymbol{ji}a_2b_1+\boldsymbol{jj}a_2b_2+\boldsymbol{jk}a_2b_3+\\&\quad\boldsymbol{ki}a_3b_1+\boldsymbol{kj}a_3b_2+\boldsymbol{kk}a_3b_3\end{aligned} \tag{1-3-2}$$

由此可见不定积 $\boldsymbol{\Phi}$ 由 9 项组成,每项中单位向量的不定积具有所有可能的组合,这些单位向量的不定积 $\boldsymbol{ii}$、$\boldsymbol{ij}$、$\boldsymbol{ik}$、$\boldsymbol{ji}$、$\boldsymbol{jj}$、$\boldsymbol{jk}$、$\boldsymbol{ki}$、$\boldsymbol{kj}$、$\boldsymbol{kk}$ 叫作并列。每项中除并列外由向量的两个分量之乘积组成,由于向量的分量是数量,所以两个数量之乘积也是一个数量。

令

$$\begin{aligned}&a_1b_1=A_{11},a_1b_2=A_{12},a_1b_3=A_{13}\\&a_2b_1=A_{21},a_2b_2=A_{22},a_2b_3=A_{23}\\&a_3b_1=A_{31},a_3b_2=A_{32},a_3b_3=A_{33}\end{aligned} \tag{1-3-3}$$

则不定积 $\boldsymbol{\Phi}$ 可写成

$$\begin{aligned}\boldsymbol{\Phi}=&\boldsymbol{ii}A_{11}+\boldsymbol{ij}A_{12}+\boldsymbol{ik}A_{13}+\boldsymbol{ji}A_{21}+\boldsymbol{jj}A_{22}+\boldsymbol{jk}A_{23}+\\&\boldsymbol{ki}A_{31}+\boldsymbol{kj}A_{32}+\boldsymbol{kk}A_{33}\end{aligned} \tag{1-3-4}$$

由 A_{xx}、A_{xy}、A_{xz}……A_{zz} 这 9 个量组成的 $\boldsymbol{\Phi}$ 叫作二阶张量,由两个向量并在一起构成的张量 $\boldsymbol{\Phi}$ 又称并矢。$\boldsymbol{\Phi}$ 的矩阵形式为

$$\boldsymbol{\Phi}=\begin{bmatrix}A_{11}&A_{12}&A_{13}\\A_{21}&A_{22}&A_{23}\\A_{31}&A_{32}&A_{33}\end{bmatrix} \tag{1-3-5}$$

为书写方便,将 $\boldsymbol{i}$、$\boldsymbol{j}$、$\boldsymbol{k}$ 分别用 $\boldsymbol{i}_1$、$\boldsymbol{i}_2$、$\boldsymbol{i}_3$ 代替,则 $\boldsymbol{\Phi}$ 可写为

$$\begin{aligned}\boldsymbol{\Phi}=&\boldsymbol{i}_1\boldsymbol{i}_1A_{11}+\boldsymbol{i}_1\boldsymbol{i}_2A_{12}+\boldsymbol{i}_1\boldsymbol{i}_3A_{13}+\boldsymbol{i}_2\boldsymbol{i}_1A_{21}+\boldsymbol{i}_2\boldsymbol{i}_2A_{22}+\\&\boldsymbol{i}_2\boldsymbol{i}_3A_{23}+\boldsymbol{i}_3\boldsymbol{i}_1A_{31}+\boldsymbol{i}_3\boldsymbol{i}_2A_{32}+\boldsymbol{i}_3\boldsymbol{i}_3A_{33}\end{aligned} \tag{1-3-6}$$

式(1-3-6)采用爱因斯坦求和约定可写成

$$\begin{aligned}\boldsymbol{\Phi}&=\boldsymbol{i}_1\boldsymbol{i}_1A_{11}+\boldsymbol{i}_1\boldsymbol{i}_2A_{12}+\boldsymbol{i}_1\boldsymbol{i}_3A_{13}+\boldsymbol{i}_2\boldsymbol{i}_1A_{21}+\boldsymbol{i}_2\boldsymbol{i}_2A_{22}+\\&\quad\boldsymbol{i}_2\boldsymbol{i}_3A_{23}+\boldsymbol{i}_3\boldsymbol{i}_1A_{31}+\boldsymbol{i}_3\boldsymbol{i}_2A_{32}+\boldsymbol{i}_3\boldsymbol{i}_3A_{33}\\&=\boldsymbol{i}_i\boldsymbol{i}_jA_{ij}\end{aligned} \tag{1-3-7}$$

由上可知二阶张量有 3 种表示方式。

现在,我们来考察 $\boldsymbol{\Phi}_{i'j'}$ 与 $\boldsymbol{\Phi}_{ij}$ 的关系。将 $\boldsymbol{\Phi}_{ij}$ 写成分量的形式:

$$\Phi_{ij}=a_i b_j \tag{1-3-8}$$

根据式(1-2-9),对于坐标系 $x_{i'}$ 有

$$a_{i'}=\beta_{i'i}a_i, b_{j'}=\beta_{j'j}b_j \tag{1-3-9}$$

所以有

$$\Phi_{i'j'}=\beta_{i'i}a_i\beta_{j'j}b_j=\beta_{i'i}\Phi_{ij}\beta_{j'j} \tag{1-3-10}$$

这就是二阶笛卡儿张量的变换规律。

现在我们来定义二阶笛卡儿张量:

定义 3 在三维空间中,二阶笛卡儿张量 $\boldsymbol{A}$ 由 9 个分量构成。当坐标变换时,它们服从下面的变换规律:

$$A_{i'j'}=\beta_{i'p}\beta_{j'q}A_{pq} \tag{1-3-11}$$

若将式(1-3-11)等号两边乘以 $\beta_{i'r}\beta_{j's}$ 并对 i'、j'求和,则得

$$\begin{aligned}\beta_{i'r}\beta_{j's}A_{i'j'}&=\beta_{i'r}\beta_{j's}\beta_{i'p}\beta_{j'q}A_{pq}\\&=\delta_{rp}\delta_{sq}A_{pq}\\&=A_{rs}\end{aligned} \tag{1-3-12}$$

即

$$A_{rs}=\beta_{i'r}\beta_{j's}A_{i'j'}$$

式(1-3-12)是式(1-3-11)的逆变换。

类似地,我们可以定义 n 维空间中的 r 阶笛卡儿张量($r=0,1,2,\cdots$):

定义 4 在 n 维空间中,r 阶笛卡儿张量 $\boldsymbol{A}$ 是由 n^r 个分量 $A_{i_{1,2,\cdots,r}}$($i_1,i_2,\cdots,i_r=1,2,\cdots,n$)组成的量,当坐标变换时,它们服从下面的变换规律:

$$A_{i'_1i'_2\cdots i'_r}=\beta_{i'_1j_1}\beta_{i'_2j_2}\cdots\beta_{i'_rj_r}A_{j_1j_2\cdots j_r} \tag{1-3-13}$$

$$A_{i_1i_2\cdots i_r}=\beta_{i_1j'_1}\beta_{i_2j'_2}\cdots\beta_{i_rj'_r}A_{j'_1j'_2\cdots j'_r} \tag{1-3-14}$$

式(1-3-13)和式(1-3-14)中

$$i'_1,i'_2,\cdots,i'_r=1,2,\cdots,n;j_1,j_2,\cdots j_r=1,2,\cdots,n$$

$$i_1,i_2,\cdots,i_r=1,2,\cdots,n;j'_1,j'_2,\cdots j'_r=1,2,\cdots,n$$

例如,在三维空间中,三阶笛卡儿张量 $\boldsymbol{A}$ 由 27 个分量 A_{ijk} 组成,它们在坐标变换时服从下面的变换规律:

$$A_{i'j'k'}=\beta_{i'p}\beta_{j'q}\beta_{k'r}A_{pqr} \tag{1-3-15}$$

例 1 试证明:δ_{ij} 为二阶笛卡儿张量的分量。

证明 根据式(1-2-16),有

$$\beta_{i'p}\beta_{j'p}=\delta_{i'j'}$$

而

$$\beta_{j'p}=\beta_{j'q}\delta_{pq}$$

故 $\delta_{i'j'}=\beta_{i'p}\beta_{j'q}\delta_{pq}$(符合定义 3)。

例 2 设 A_i、B_i 分别为两矢量的分量,试证明:$C_{ij}=A_iB_j$ 为二阶笛卡儿张量的分量。

证明 因为 A_i、B_i 为两矢量的分量,它们服从变换规律式(1-2-8),即

$$A_{i'}=\beta_{i'p}A_p, B_{i'}=\beta_{j'q}B_q,$$

故

$$\begin{aligned}C_{i'j'}&=A_{i'}B_{j'}\\&=\beta_{i'p}\beta_{j'q}A_pB_q\end{aligned}$$

$$=\beta_{i'p}\beta_{j'q}C_{pq}$$

例 3 二阶笛卡儿张量 $\boldsymbol{A}$ 在坐标系 x_i 中的分量为

$$(A_{ij})=\begin{pmatrix}2 & 3 & -2\\0 & 3 & 2\\4 & 2 & 1\end{pmatrix}$$

$x_{i'}=\beta_{i'j}x_j$,

$$(\beta_{i'j})=\begin{pmatrix}0 & 0 & 1\\-1 & 0 & 0\\0 & 1 & 0\end{pmatrix}$$

求该张量在坐标系 $x_{i'}$ 中的分量。

解

$$A_{1'1'}=\beta_{1'p}\beta_{1'q}A_{pq}=\beta_{1'3}\beta_{1'3}A_{33}=1$$
$$A_{1'2'}=\beta_{1'p}\beta_{2'q}A_{pq}=\beta_{1'3}\beta_{2'1}A_{31}=-4$$
$$A_{1'3'}=\beta_{1'p}\beta_{3'q}A_{pq}=\beta_{1'3}\beta_{3'2}A_{32}=2$$
$$A_{2'1'}=\beta_{2'p}\beta_{1'q}A_{pq}=\beta_{2'1}\beta_{1'3}A_{13}=2$$
$$A_{2'2'}=\beta_{2'p}\beta_{2'q}A_{pq}=\beta_{2'1}\beta_{2'1}A_{11}=2$$
$$A_{2'3'}=\beta_{2'p}\beta_{3'q}A_{pq}=\beta_{2'1}\beta_{3'2}A_{12}=-3$$
$$A_{3'1'}=\beta_{3'p}\beta_{1'q}A_{pq}=\beta_{3'2}\beta_{1'3}A_{23}=2$$
$$A_{3'2'}=\beta_{3'p}\beta_{2'q}A_{pq}=\beta_{3'2}\beta_{2'1}A_{21}=0$$
$$A_{3'3'}=\beta_{3'p}\beta_{3'q}A_{pq}=\beta_{3'2}\beta_{3'2}A_{22}=3$$

故

$$(A_{i'j'})=\begin{pmatrix}1 & -4 & 2\\2 & 2 & -3\\2 & 0 & 3\end{pmatrix}$$

1.4 二阶张量的主轴和主值

1.4.1 二阶张量的特征方程

定义 5 设 $\boldsymbol{T}$ 是一个二阶张量,如果存在标量 λ 和非零矢量 $\boldsymbol{L}$,使得

$$\boldsymbol{T}\cdot\boldsymbol{L}=\lambda\boldsymbol{L} \tag{1-4-1}$$

成立,那么标量 λ 称为二阶张量 $\boldsymbol{T}$ 的主值,非零矢量 $\boldsymbol{L}$ 称为 $\boldsymbol{T}$ 对应于主值 λ 的主方向。

在式(1-4-1)中,主方向 $\boldsymbol{L}$ 的模 $|\boldsymbol{L}|\neq 0$。故取

$$\boldsymbol{n}=\frac{\boldsymbol{L}}{|\boldsymbol{L}|} \tag{1-4-2}$$

将式(1-4-2)代入式(1-4-1),得

$$\boldsymbol{T}\cdot|\boldsymbol{L}|\boldsymbol{n}=\lambda|\boldsymbol{L}|\boldsymbol{n} \tag{1-4-3}$$

即得

$$\boldsymbol{T}\cdot\boldsymbol{n}=\lambda\boldsymbol{n}\quad 或\quad \boldsymbol{T}\cdot\boldsymbol{n}-\lambda\boldsymbol{n}=\boldsymbol{0} \tag{1-4-4}$$

利用单位二阶张量 $\boldsymbol{I}$ 的性质 $\boldsymbol{n}=\boldsymbol{I}\cdot\boldsymbol{n}$,代入式(1-4-4)

$$\boldsymbol{T}\cdot\boldsymbol{n}-\lambda\boldsymbol{I}\cdot\boldsymbol{n}=\boldsymbol{0} \tag{1-4-5}$$

即得

$$(\boldsymbol{T}-\lambda\boldsymbol{I})\cdot\boldsymbol{n}=\boldsymbol{0} \tag{1-4-6}$$

设在笛卡儿坐标系 x_i 下有

$$\boldsymbol{T}=T_{ij}\boldsymbol{i}_i\boldsymbol{i}_j$$
$$\boldsymbol{n}=n_i\boldsymbol{i}_i$$

则式(1-4-6)对应的矩阵方程是

$$[T_{ij}-\lambda\delta_{ij}][n_j]=\boldsymbol{0} \tag{1-4-7}$$

展开式(1-4-7)得

$$\begin{bmatrix} T_{11}-\lambda & T_{12} & T_{13} \\ T_{21} & T_{22}-\lambda & T_{23} \\ T_{31} & T_{32} & T_{33}-\lambda \end{bmatrix}\begin{bmatrix} n_1 \\ n_2 \\ n_3 \end{bmatrix}=\begin{bmatrix} 0 \\ 0 \\ 0 \end{bmatrix} \tag{1-4-8}$$

式(1-4-8)进一步展开为

$$\begin{cases}(T_{11}-\lambda)L_1+T_{12}L_2+T_{13}L_3=0\\ T_{21}L_1+(T_{22}-\lambda)L_2+T_{23}L_3=0\\ T_{31}L_1+T_{32}L_2+(T_{33}-\lambda)L_3=0\end{cases} \tag{1-4-9}$$

因为 $\boldsymbol{n}$ 为单位矢量,所以

$$(n_1)^2+(n_2)^2+(n_3)^2=1 \tag{1-4-10}$$

上述分析表明:二阶张量 $\boldsymbol{T}$ 的主值和对应于主值的主方向就是张量 $\boldsymbol{T}$ 的对应矩阵 $\boldsymbol{T}=[T_{ij}]$ 的特征值和对应于特征值的特征向量。也就是说,求二阶张量 $\boldsymbol{T}$ 的主值和主方向的问题就转化成矩阵理论中的问题了。

很明显,要使式(1-4-7)有非零解 n_i 存在的充分必要条件是系数行列式

$$|T_{ij}-\lambda\delta_{ij}|=0 \tag{1-4-11}$$

也就是

$$\begin{vmatrix} T_{11}-\lambda & T_{12} & T_{13} \\ T_{21} & T_{22}-\lambda & T_{23} \\ T_{31} & T_{32} & T_{33}-\lambda \end{vmatrix}=0 \tag{1-4-12}$$

式(1-4-12)是一个关于未知数 λ 的一元三次方程,即 T_{ij} 的特征方程是 λ 的三次多项式。

式(1-4-12)展开后得三次方程:

$$\lambda^3-I_1\lambda^2+I_2\lambda-I_3=0 \tag{1-4-13}$$

式中

$$\begin{cases}I_1=T_{11}+T_{22}+T_{33}=T_{ii}=\operatorname{tr}\boldsymbol{T}\quad(\text{即 }\boldsymbol{T}\text{ 的迹})\\ I_2=\begin{vmatrix} T_{22} & T_{23} \\ T_{32} & T_{33}\end{vmatrix}+\begin{vmatrix} T_{11} & T_{13} \\ T_{31} & T_{33}\end{vmatrix}+\begin{vmatrix} T_{11} & T_{12} \\ T_{21} & T_{22}\end{vmatrix}=\dfrac{1}{2}(T_{ii}T_{jj}-T_{ij}T_{ji})\\ I_3=\begin{vmatrix} T_{11} & T_{12} & T_{13} \\ T_{21} & T_{22} & T_{23} \\ T_{31} & T_{32} & T_{33}\end{vmatrix}=e_{ijk}T_{i1}T_{j2}T_{k3}=|T_{ij}|=\det\boldsymbol{T}\quad(\text{行列式的值})\end{cases} \tag{1-4-14}$$

我们把式(1-4-13)称为二阶张量 $\boldsymbol{T}$ 的特征方程。给定 T_{ij} 后，便可由式(1-4-13)解出特征值 λ 的 3 个根 $\lambda^{(1)}$、$\lambda^{(2)}$、$\lambda^{(3)}$，方程(1-4-13)可写成

$$(\lambda-\lambda^{(1)})(\lambda-\lambda^{(2)})(\lambda-\lambda^{(3)})=0 \tag{1-4-15}$$

通过方程的根与系数的关系，可知

$$\begin{cases} I_1=\lambda^{(1)}+\lambda^{(2)}+\lambda^{(3)} \\ I_2=\lambda^{(1)}\lambda^{(2)}+\lambda^{(2)}\lambda^{(3)}+\lambda^{(3)}\lambda^{(1)} \\ I_3=\lambda^{(1)}\lambda^{(2)}\lambda^{(3)} \end{cases} \tag{1-4-16}$$

可以证明：当 T_{ij} 为对称时，特征方程(1-4-13)的 3 个根 $\lambda^{(1)}$、$\lambda^{(2)}$、$\lambda^{(3)}$ 都是实根。有了特征值 $\lambda^{(k)}$ 便可由方程组(1-4-9)求得相应的特征矢量 $\boldsymbol{L}^{(k)}$。可以证明：当 T_{ij} 为对称时，3 个特征矢量 $\boldsymbol{L}^{(1)}$、$\boldsymbol{L}^{(2)}$、$\boldsymbol{L}^{(3)}$ 是互相正交的。

由于特征值 λ 不随坐标的变化而改变，因此 I_1、I_2、I_3 也不随坐标的变化而改变。它们分别称为量的第一、第二、第三数性不变量。

1.4.2　二阶对称张量的特征值

$$\boldsymbol{T}\cdot\boldsymbol{L}=\lambda\cdot\boldsymbol{L} \tag{1-4-17}$$

对称张量的特征值是实数。

现在来证明当 T_{ij} 为对称时，方程(1-4-13)的 3 个根都是实根。我们采用反证法。假设矢量 $\boldsymbol{L}$ 有虚数根，$\boldsymbol{L}=a+ib$，共轭矢量 $\bar{\boldsymbol{L}}=a-ib$，则有

$$\begin{aligned} \bar{\boldsymbol{L}}\cdot\boldsymbol{T}\cdot\boldsymbol{L} &=(a-ib)\cdot\boldsymbol{T}\cdot(a+ib) \\ &=a\cdot\boldsymbol{T}\cdot a+b\cdot\boldsymbol{T}\cdot b+(a\cdot\boldsymbol{T}\cdot ib-ib\cdot\boldsymbol{T}\cdot a) \\ &=a\cdot\boldsymbol{T}\cdot a+b\cdot\boldsymbol{T}\cdot b \end{aligned} \tag{1-4-18}$$

其中

$$a\cdot\boldsymbol{T}\cdot ib-ib\cdot\boldsymbol{T}\cdot a=0$$

又由于

$$\bar{\boldsymbol{L}}\cdot\boldsymbol{T}\cdot\boldsymbol{L}=\bar{\boldsymbol{L}}\lambda\cdot\boldsymbol{L}=\lambda\bar{\boldsymbol{L}}\cdot\boldsymbol{L}=\lambda(a^2+b^2) \tag{1-4-19}$$

由式(1-4-18)和式(1-4-19)可得

$$a\cdot\boldsymbol{T}\cdot a=b\cdot\boldsymbol{T}\cdot b=\lambda(a^2+b^2)$$

$$\lambda=\frac{a\cdot\boldsymbol{T}\cdot a+b\cdot\boldsymbol{T}\cdot b}{a^2+b^2} \tag{1-4-20}$$

因此 λ 为实数。

1.4.3　二阶对称张量的特征矢量

令 $\boldsymbol{T}$ 是对称张量，λ 是其特征值且互不相等，有 $\lambda_1\to\boldsymbol{L}^{(1)}$，$\lambda_2\to\boldsymbol{L}^{(2)}$，$\lambda_3\to\boldsymbol{L}^{(3)}$（$\boldsymbol{L}^{(1)}$、$\boldsymbol{L}^{(2)}$、$\boldsymbol{L}^{(3)}$ 是各特征值对应的特征向量），则 $\boldsymbol{L}^{(1)}$、$\boldsymbol{L}^{(2)}$、$\boldsymbol{L}^{(3)}$ 是相互垂直的。对此证明如下：

证明　令

$$\begin{cases} \boldsymbol{T}\cdot\boldsymbol{L}^{(1)}=\lambda_1\boldsymbol{L}^{(1)} & \text{(1-4-21a)} \\ \boldsymbol{T}\cdot\boldsymbol{L}^{(2)}=\lambda_2\boldsymbol{L}^{(2)} & \text{(1-4-21b)} \end{cases}$$

在式(1-4-21a)和(1-4-24b)的等号两边分别点乘$\boldsymbol{L}^{(2)}$和$\boldsymbol{L}^{(1)}$,得

$$\boldsymbol{L}^{(2)}\cdot\boldsymbol{T}\cdot\boldsymbol{L}^{(1)}=\lambda_1\boldsymbol{L}^{(2)}\cdot\boldsymbol{L}^{(1)} \tag{1-4-22}$$

$$\boldsymbol{L}^{(1)}\cdot\boldsymbol{T}\cdot\boldsymbol{L}^{(2)}=\lambda_2\boldsymbol{L}^{(1)}\cdot\boldsymbol{L}^{(2)} \tag{1-4-23}$$

因为$\boldsymbol{T}$是对称张量,有$\boldsymbol{L}^{(2)}\cdot\boldsymbol{T}\cdot\boldsymbol{L}^{(1)}=\boldsymbol{L}^{(1)}\cdot\boldsymbol{T}\cdot\boldsymbol{L}^{(2)}$,所以得

$$\lambda_1\boldsymbol{L}^{(2)}\cdot\boldsymbol{L}^{(1)}=\lambda_2\boldsymbol{L}^{(1)}\cdot\boldsymbol{L}^{(2)} \tag{1-4-24}$$

$$(\lambda_1-\lambda_2)\boldsymbol{L}^{(1)}\cdot\boldsymbol{L}^{(2)}=0 \tag{1-4-25}$$

由于$\lambda_1\neq\lambda_2$,因此得

$$\boldsymbol{L}^{(1)}\perp\boldsymbol{L}^{(2)} \tag{1-4-26}$$

同理可证

$$\boldsymbol{L}^{(1)}\perp\boldsymbol{L}^{(3)},\boldsymbol{L}^{(2)}\perp\boldsymbol{L}^{(3)}$$

1.4.4 二阶对称张量的主轴和主值

若将坐标轴旋转,使之与特征矢量$\boldsymbol{L}^{(k)}$重合,则新坐标系(用x_{i}表示)的单位基矢量为

$$\boldsymbol{i}_k=\boldsymbol{i}^{(k)}=\frac{\boldsymbol{L}^{(k)}}{\|\boldsymbol{L}^{(k)}\|}\quad(k=1,2,3) \tag{1-4-27}$$

式中,$\boldsymbol{i}^{(k)}$为单位特征矢量。显然,在坐标系x_{i}中

$$\begin{cases}\boldsymbol{i}^{(1)}=l_{j'}^{(1)}\boldsymbol{i}_{j'}=\boldsymbol{i}_{1'}+0\boldsymbol{i}_{2'}+0\boldsymbol{i}_{3'}\\ \boldsymbol{i}^{(2)}=l_{j'}^{(2)}\boldsymbol{i}_{j'}=0\boldsymbol{i}_{1'}+\boldsymbol{i}_{2'}+0\boldsymbol{i}_{3'}\\ \boldsymbol{i}^{(3)}=l_{j'}^{(3)}\boldsymbol{i}_{j'}=0\boldsymbol{i}_{1'}+0\boldsymbol{i}_{2'}+\boldsymbol{i}_{3'}\end{cases} \tag{1-4-28}$$

此外,在坐标系x_{i}中,式(1-4-27)可写成

$$\begin{cases}T_{i'j'}l_{j'}^{(1)}=\lambda^{(1)}l_{i'}^{(1)}\\ T_{i'j'}l_{j'}^{(2)}=\lambda^{(2)}l_{i'}^{(2)}\\ T_{i'j'}l_{j'}^{(3)}=\lambda^{(3)}l_{i'}^{(3)}\end{cases} \tag{1-4-29}$$

将式(1-4-28)中的$l_{j'}^{(k)}$值代入式(1-4-29),得

$$T_{1'1'}=\lambda^{(1)},T_{2'1'}=0,T_{3'1'}=0$$

$$T_{1'2'}=0,T_{2'2'}=\lambda^{(2)},T_{3'2'}=0$$

$$T_{1'3'}=0,T_{2'3'}=0,T_{3'3'}=\lambda^{(3)}$$

$$(\boldsymbol{T}_{i'j'})=\begin{pmatrix}\lambda^{(1)}&0&0\\0&\lambda^{(2)}&0\\0&0&\lambda^{(3)}\end{pmatrix} \tag{1-4-30}$$

由此可见,当坐标轴与张量$\boldsymbol{T}$的特征值重合时,张量的分量具有如下特性:

$$T_{i'j'}=0\quad(i'\neq j') \tag{1-4-31}$$

这种坐标轴称为张量$\boldsymbol{T}$的主轴。这时,不为0的张量分量T_{11}、T_{22}、T_{33}分别等于特征值$\boldsymbol{\lambda}^{(1)}$、$\boldsymbol{\lambda}^{(2)}$、$\boldsymbol{\lambda}^{(3)}$,称为张量$\boldsymbol{T}$的主值。凡属于二阶张量的物理量,如应力张量、应变张量、应变率张量、惯性张量,均具有上述特性。

例1 设二阶对称张量的分量为

$$(T_{i'j'})=\begin{pmatrix}0 & -1 & 1\\ -1 & 0 & -1\\ 1 & -1 & 2\end{pmatrix}$$

求特征值 $\lambda^{(k)}$ 和特征矢量 $\boldsymbol{L}^{(k)}$。

解　由式(1-4-17)可导出张量的特征方程为

$$\begin{vmatrix}-\lambda & -1 & 1\\ -1 & -\lambda & -1\\ 1 & -1 & 2-\lambda\end{vmatrix}=(\lambda+1)(3\lambda-\lambda^2)=0$$

显然,特征值 $\lambda^{(1)}=-1$、$\lambda^{(2)}=0$、$\lambda^{(3)}=3$。

将 $\lambda^{(1)}=-1$ 代入方程组 $T_{ij}l_j^{(1)}=\lambda^{(1)}l_i^{(1)}$,得

$$\begin{cases}L_1^{(1)}-L_2^{(1)}+L_3^{(1)}=0 & (1)\\ -L_2^{(1)}+L_2^{(2)}-L_3^{(1)}=0 & (2)\\ L_2^{(1)}-L_2^{(1)}+3L_3^{(1)}=0 & (3)\end{cases}$$

将式(2)和式(3)相加得 $L_3^{(1)}=0$,取 $L_1^{(1)}=1$,则 $L_1^{(2)}=1$,所以 $\lambda^{(1)}=-1$ 对应的特征向量为 $\boldsymbol{L}^{(1)}=\boldsymbol{i}_1+\boldsymbol{i}_2$。

将 $\lambda^{(2)}=0$ 代入 $T_{ij}l_j^{(2)}=\lambda^{(2)}l_i^{(2)}$,得

$$\begin{cases}-L_2^{(2)}+L_3^{(2)}=0\\ -L_1^{(2)}-L_3^{(2)}=0\\ L_1^{(2)}-L_2^{(2)}+2L_3^{(2)}=0\end{cases}\qquad(4)$$

由方程组(4)得 $L_2^{(2)}=L_3^{(2)}$、$L_1^{(2)}=-L_3^{(2)}$。如取 $L_3^{(2)}=1$,则 $L_2^{(2)}=1$、$L_1^{(2)}=-1$,故 $\boldsymbol{L}^{(2)}=-\boldsymbol{i}_1+\boldsymbol{i}_2+\boldsymbol{i}_3$。

将 $\lambda^{(3)}=3$ 代入 $T_{ij}l_j^{(3)}=\lambda^{(3)}l_i^{(3)}$,得

$$\begin{cases}-3L_1^{(3)}-L_2^{(3)}+L_3^{(3)}=0\\ -L_1^{(3)}-3L_2^{(3)}-L_3^{(3)}=0\\ L_1^{(3)}-L_2^{(3)}-L_3^{(3)}=0\end{cases}$$

由上列方程组得:$L_2^{(3)}=-\dfrac{1}{2}L_3^{(3)}$,$L_1^{(3)}=\dfrac{1}{2}L_3^{(3)}$。如取 $L_3^{(3)}=2$,则 $L_2^{(3)}=-1$,$L_1^{(3)}=1$,故 $\boldsymbol{L}^{(3)}=\boldsymbol{i}_1-\boldsymbol{i}_2+2\boldsymbol{i}_3$。

显然,所得 $\boldsymbol{L}^{(1)}$、$\boldsymbol{L}^{(2)}$、$\boldsymbol{L}^{(3)}$ 满足正交条件 $\boldsymbol{L}^{(k)}\cdot\boldsymbol{L}^{(m)}=\boldsymbol{0}(k\neq m)$。

例2　设二阶对称张量的分量为

$$(T_{i'j'})=\begin{pmatrix}3 & 0 & 0\\ 0 & 4 & \sqrt{3}\\ 0 & \sqrt{3} & 6\end{pmatrix}$$

求该张量的主轴和主值。

解　由式(1-4-18)得特征方程为

$$\begin{vmatrix}3-\lambda & 0 & 0\\ 0 & 4-\lambda & \sqrt{3}\\ 0 & \sqrt{3} & 6-\lambda\end{vmatrix}=(\lambda-7)(3-\lambda)(\lambda-3)=0$$

故特征值 $\lambda^{(1)}=3$、$\lambda^{(2)}=3$、$\lambda^{(3)}=7$(此处 $\lambda=3$ 为重根),由此得张量的主值为 $T_{1'1'}=\lambda^{(1)}=3$、$T_{2'2'}=\lambda^{(2)}=3$、$T_{3'3'}=\lambda^{(3)}=7$。

将 $\lambda^{(1)}=3$ 代入方程组 $T_{ij}l_j^{(1)}=\lambda^{(1)}l_i^{(1)}$,得

$$\begin{cases} L_1^{(1)}=L_1^{(1)} \\ L_2^{(1)}=-\sqrt{3}L_3^{(1)} \\ \sqrt{3}L_2^{(1)}=-3L_3^{(1)} \end{cases}$$

由此得 $L_1^{(1)}$ 为任意值,$L_2^{(1)}=-\sqrt{3}L_3^{(1)}$。如设 $L_1^{(1)}=N$,$L_2^{(1)}=M$(N、M 可为任意值),则 $L_3^{(1)}=-\dfrac{1}{\sqrt{3}}M$,于是 $\boldsymbol{L}^{(1)}=N\boldsymbol{i}_1+M\boldsymbol{i}_2-\dfrac{1}{\sqrt{3}}M\boldsymbol{i}_3$。

对于 $\lambda^{(2)}=3$,设 $L_1^{(2)}=n$、$L_2^{(2)}=m$、$L_3^{(2)}=-\dfrac{1}{\sqrt{3}}m$、$L_3^{(1)}=-\dfrac{1}{\sqrt{3}}M$($m$、$n$ 可为任意值),于是 $\boldsymbol{L}^{(2)}=n\boldsymbol{i}_1+m\boldsymbol{i}_2-\dfrac{1}{\sqrt{3}}\boldsymbol{i}_3$。

由正交条件 $\boldsymbol{L}^{(1)}\cdot\boldsymbol{L}^{(2)}=\boldsymbol{0}$ 可得

$$nN+\frac{4}{3}mM=0 \tag{1-4-32}$$

根据式(1-4-32),取 $N=1$、$M=0$、$n=0$、$m=\sqrt{3}$,于是得 $\boldsymbol{L}^{(1)}=\boldsymbol{i}_1$、$\boldsymbol{L}^{(2)}=\sqrt{3}\boldsymbol{i}_2-\boldsymbol{i}_3$。

将 $\lambda^{(3)}=7$ 代入方程组 $T_{ij}l_j^{(3)}=\lambda^{(3)}l_i^{(3)}$,得

$$\begin{cases} -4L_1^{(3)}=0 \\ -3L_2^{(3)}+\sqrt{3}L_3^{(3)}=0 \\ \sqrt{3}L_2^{(3)}-L_3^{(3)}=0 \end{cases}$$

由此得 $L_1^{(3)}=0$、$L_2^{(3)}=\dfrac{1}{\sqrt{3}}L_3^{(3)}$。如取 $L_2^{(3)}=1$,则 $L_3^{(3)}=\sqrt{3}$,故 $L^{(3)}=\boldsymbol{i}_2+\sqrt{3}\boldsymbol{i}_3$。

由 $\boldsymbol{L}^{(k)}$ 可得张量主轴的单位基矢量为 $\boldsymbol{i}_{k'}=\boldsymbol{L}^{(k)}/\parallel\boldsymbol{L}^{(k)}\parallel$,即

$$\boldsymbol{i}_{1'}=\boldsymbol{i}_{1'}\boldsymbol{i}_{2'}=\frac{1}{2}(\sqrt{3}\boldsymbol{i}_2-\boldsymbol{i}_3)$$

$$\boldsymbol{i}_{3'}=\frac{1}{2}(\boldsymbol{i}_2+\sqrt{3}\boldsymbol{i}_3)$$

1.5 各向同性张量

绝大多数张量的分量经过坐标变换(即从一个正交笛卡儿坐标系变到另一个正交笛卡儿坐标系)后其值将改变。例如,有一矢量 $\boldsymbol{u}$,若它在直角坐标系 $Ox_1x_2x_3$ 中的分量为(u_1,0,0),设另一直角坐标系 $Ox_{1'}x_{2'}x_{3'}$ 与 $Ox_1x_2x_3$ 具有共同的原点 O,坐标系 $x_{i'}$ 相当于坐标系 x_i 保持 x_3 轴不动,让 x_1、x_2 轴绕 x_3 轴旋转 180°。这样两坐标系之间的关系变为 $x_{1'}=x_1$,$x_{2'}=-x_2$,$x_{3'}=x_3$,则矢量 $\boldsymbol{u}$ 在坐标系 $Ox_{1'}x_{2'}x_{3'}$ 中的分量变为($-u_1$,0,0)。显然,只要 $\boldsymbol{u}$ 不是零矢量,在两坐标系中的分量值不等,就称这类张量为各向异性张量。但也有另一类张量,其每一分量经旋转变换后不改变其分量值,这类张量称为各向同性张量,如标量、克罗内克符号

δ_{ij}、置换符号 e_{ijk} 等都是各向同性张量。

物理中的某些量常常用张量来表征，如弹性系数张量 $\boldsymbol{c}$ 有四阶张量分量 c_{ijkl}，它的第一个分量 c_{1111} 表示 x_1 轴方向的轴向拉伸弹性系数。当旧坐标系 $Ox_1x_2x_3$ 旋转到新坐标系 $Ox_{1'}x_{2'}x_{3'}$ 时，如果对任意旋转变换均有 $c_{1'1'1'1'}=c_{1111}$，即 x_1' 轴方向上的拉伸弹性系数都维持 x_1 轴方向上的值不变，那么这样的弹性体对拉伸来说就是各向同性的。各向同性张量的名称就是借用的上述物理概念。

1.5.1　定义

若 n 阶笛卡儿张量 $\boldsymbol{H}=H_{ijk}\boldsymbol{i}_i\boldsymbol{i}_j\boldsymbol{i}_k$ 的每个分量都是任意坐标变换下的不变量，即

$$H_{i'j'k'}=H_{ijk} \tag{1-5-1}$$

则称这个张量 $\boldsymbol{H}$ 为各向同性张量，其中 $H_{i'j'k'}$ 是 $\boldsymbol{H}$ 在任意新坐标系下的分量。

根据定义可知，标量都是各向同性的，矢量除零矢量外都是各向异性的。本节主要讨论关于二阶、三阶和四阶各向同性张量的形式。

首先讨论对各向同性张量都适用的一个重要定理。

1.5.2　置换定理

设 $Ox_1x_2x_3$ 为旧坐标系，若要求经旋转变换后的新坐标系 $Ox_{1'}x_{2'}x_{3'}$ 同旧坐标系完全重合，则只有如下两种可能：

$$\begin{cases} x_{1'}=x_2,x_{2'}=x_3,x_{3'}=x_1 & (\text{情形 }1) \\ x_{1'}=x_3,x_{2'}=x_1,x_{3'}=x_2 & (\text{情形 }2) \end{cases} \tag{1-5-2}$$

对于各向同性张量 H_{ij}，它的一个分量 H_{12} 应满足 $H_{12}=H_{1'2'}$，但是新坐标系中的 $H_{1'2'}$ 相当于旧坐标系中的 H_{23}（情形 1）或 H_{31}（情形 2），因此

$$H_{12}=H_{23}=H_{31} \tag{1-5-3a}$$

同样可以得到

$$H_{21}=H_{32}=H_{13} \tag{1-5-3b}$$

$$H_{11}=H_{22}=H_{33} \tag{1-5-3c}$$

类似地，对于三阶各向同性张量 H_{ijk} 来说，应有

$$H_{111}=H_{222}=H_{333} \tag{1-5-4a}$$

$$H_{112}=H_{223}=H_{331},H_{113}=H_{221}=H_{332} \tag{1-5-4b}$$

$$H_{122}=H_{233}=H_{311},H_{133}=H_{211}=H_{322} \tag{1-5-4c}$$

$$H_{121}=H_{232}=H_{313},H_{131}=H_{212}=H_{323} \tag{1-5-4d}$$

$$H_{123}=H_{231}=H_{312} \tag{1-5-4e}$$

$$H_{132}=H_{213}=H_{321} \tag{1-5-4f}$$

根据以上对二阶、三阶各向同性张量按情形 1、情形 2 的讨论，我们不难得出以下结论：

设 $H_{ij\cdots k}$ 是 n 阶张量的每一个分量，将此分量的每一个下标值做如下相同的循环置换：

$$1\to2,3\to1,2\to3$$

则得 $\boldsymbol{H}$ 的另一个分量。如果 $\boldsymbol{H}$ 是各向同性张量，则 2 个分量相等。这个规律叫作置换定理。

下面就二阶、三阶、四阶各向同性张量的形式引出 3 个定理。

1.5.3 二阶各向同性张量的形式

定理 1 二阶各向同性张量 H_{ij} 的形式必为 $\lambda\delta_{ij}$，其中 λ 为一标量，即

$$H_{ij}=\lambda\delta_{ij} \tag{1-5-5}$$

证明 根据置换定理，由式(1-5-3c)，令

$$H_{11}=H_{22}=H_{33}=\frac{1}{3}I_H=\lambda \tag{1-5-6}$$

显然 λ 是个标量，实际上式(1-5-6)证明了式(1-5-5)中 $i=j$ 的情形。

下面证明当 $i\neq j$ 时，$H_{ij}=0$。为此，做这样的坐标变换：将旧坐标系绕 x_3 轴旋转 180°而得到新坐标系，于是

$$x_{1'}=-x_1,x_{2'}=-x_2,x_{3'}=x_3 \tag{1-5-7}$$

对应的变换系数矩阵是

$$(\beta_{ij})=\begin{bmatrix}-1 & 0 & 0\\ 0 & -1 & 0\\ 0 & 0 & 1\end{bmatrix} \tag{1-5-8}$$

因为 H_{ij} 是各向同性的，所以

$$H_{23}=H_{2'3'}=\beta_{2p}\beta_{3q}H_{pq}=\beta_{22}\beta_{33}H_{23}=-H_{23} \tag{1-5-9}$$

由此得到

$$H_{23}=0 \tag{1-5-10}$$

同理

$$H_{32}=H_{3'2'}=\beta_{3p}\beta_{2q}H_{pq}=\beta_{33}\beta_{22}H_{32}=-H_{32} \tag{1-5-11}$$

由此得到

$$H_{32}=0 \tag{1-5-12}$$

由式(1-5-3a)和式(1-5-3b)可得

$$\begin{aligned}H_{12}=H_{23}=H_{31}\\ H_{21}=H_{32}=H_{13}\end{aligned} \tag{1-5-13}$$

即证得当 $i\neq j$ 时 $H_{ij}=0$，因而得到

$$H_{ij}=\lambda\delta_{ij} \tag{1-5-14}$$

1.5.4 三阶各向同性张量的形式

定理 2 三阶各向同性张量 H_{ijk} 的形式为 λe_{ijk}，其中 λ 为标量，即

$$H_{ijk}=\lambda e_{ijk} \tag{1-5-15}$$

证明 要证明式(1-5-15)成立，实际上就是要证明下列各式成立：

$$H_{ijk}=\begin{cases}0 & (i=j=k) & (1-5-16b)\\ 0 & (i、j、k\text{ 中有 2 个相等}) & (1-5-16a)\\ \lambda & (i、j、k\text{ 为偶排列}) & (1-5-16c)\\ -\lambda & (i、j、k\text{ 为奇排列}) & (1-5-16d)\end{cases}$$

仍取坐标变换如式(1-5-8)所示，即

$$\boldsymbol{\beta}_{ij}=\begin{bmatrix}-1 & 0 & 0\\ 0 & -1 & 0\\ 0 & 0 & 1\end{bmatrix} \tag{1-5-17}$$

由张量分量的变换公式,有

$$H_{111}=H_{1'1'1'}=\beta_{1p}\beta_{1q}\beta_{1r}H_{pqr}=\beta_{11}\beta_{11}\beta_{11}H_{111}=-H_{111} \tag{1-5-18}$$

所以

$$H_{111}=0 \tag{1-5-19}$$

由置换定理可得

$$H_{111}=H_{222}=H_{333}=0 \tag{1-5-20}$$

即证得式(1-5-16a)。

在上述坐标变换下,当 i、j、k 中有 2 个是 3 而 1 个不是 3 时,有

$$H_{ijk}=H_{i'j'k'}=\beta_{ip}\beta_{jq}\beta_{kr}H_{pqr}=(1)^2(-1)H_{pqr}=-H_{ijk} \tag{1-5-21}$$

例如

$$H_{331}=H_{3'3'1'}=\beta_{3p}\beta_{3q}\beta_{1r}H_{pqr}=\beta_{33}\beta_{33}\beta_{11}H_{331}=-H_{331} \tag{1-5-22}$$

所以

$$H_{ijk}=0 \quad (i、j、k \text{ 中有 2 个为 3}) \tag{1-5-23}$$

再根据置换定理式(1-5-4b)、式(1-5-4c)、式(1-5-4d)中所有 18 个分量均等于 0,证明了式(1-5-16b)。而对于式(1-5-16c)和式(1-5-16d)的证明,若仍采用式(1-5-8)的坐标变换,那么只能得到恒等变换,所以还需采用新的坐标变换。

如果将旧坐标系绕 x_3 轴旋转 90°而得到新坐标系,此时

$$x_{1'}=x_2,x_{2'}=-x_1,x_{3'}=x_3 \tag{1-5-24}$$

它的变换系数矩阵是

$$(\beta_{ij})=\begin{bmatrix}0 & 1 & 0\\ -1 & 0 & 0\\ 0 & 0 & 1\end{bmatrix} \tag{1-5-25}$$

那么由张量分量的变换公式有

$$H_{123}=H_{1'2'3'}=\beta_{1p}\beta_{2q}\beta_{3r}H_{pqr}=\beta_{12}\beta_{21}\beta_{33}H_{213}=-H_{213} \tag{1-5-26}$$

由式(1-5-4e)和式(1-5-4f)可知

$$\begin{cases}H_{123}=H_{231}=H_{312}=\lambda\\ H_{132}=H_{123}=H_{321}=-\lambda\end{cases} \tag{1-5-27}$$

最后,因 H_{123} 是坐标变换下的不变量,故 λ 是一标量,从而式(1-5-16c)和式(1-5-16d)得证。也就是说,至此我们证明了式(1-5-15)的全部 4 种情况。

1.5.5　四阶各向同性张量的形式

定理 3　四阶各向同性张量 H_{ijkl} 的形式必为

$$H_{ijkl}=\alpha\delta_{ij}\delta_{kl}+\beta\delta_{ik}\delta_{jl}+\gamma\delta_{il}\delta_{jk} \tag{1-5-28}$$

式中,α、β、γ 为标量。

证明　要证明式(1-5-28)成立,即要证明下列几种情形成立:

$$H_{ijkl}\begin{cases}\alpha+\beta+\gamma \quad (i=j=k=l) & (1-5-29a)\\ \alpha \quad (i=k\neq j=l) & (1-5-29b)\\ \beta \quad (i=k\neq j=l) & (1-5-29c)\\ \gamma \quad (i=l\neq j=k\ \text{为奇排列}) & (1-5-29d)\\ 0 \quad (\text{其他}) & (1-5-29e)\end{cases}$$

因为 H_{ijkl} 是各向同性张量,故在坐标变换下有

$$H_{ijkl}=H_{i'j'k'l'}=\beta_{ip}\beta_{jq}\beta_{kr}\beta_{ls}H_{pqrs} \tag{1-5-30}$$

将旧坐标系绕 x_3 轴旋转 180°,其变换系数矩阵为式(1-5-8)。

当 H_{ijkl} 的 4 个下标中出现奇数个 3 时,有 2 种情形:4 个下标中出现了 1 个 3,则其余的 3 个下标为 1 或 2;4 个下标中出现 3 个 3,则余下 1 个下标为 1 或 2。此时根据式(1-5-30)有

$$H_{ijkl}=H_{i'j'k'l'}=\begin{cases}1\cdot(-1)^3\\ 1^3\cdot(-1)\end{cases}H_{ijkl}=-H_{ijkl} \tag{1-5-31}$$

得

$$H_{ijkl}=0 \tag{1-5-32}$$

再根据置换定理可知,只要 3(或 1、2)在下标 i、j、k、l 中出现奇数次,就有

$$H_{ijkl}=0 \tag{1-5-33}$$

成立,就证明了式(1-5-29e)。

下面再证明 4 个下标中有 2 个相同的情况,为此做另一个变换,即将旧坐标系绕 x_3 轴旋转 90°,其变换系数矩阵为式(1-5-25)。

再根据式(1-5-30),有

$$H_{1122}=H_{1'1'2'2'}=\beta_{12}\beta_{12}\beta_{21}\beta_{21}H_{2211}=H_{2211} \tag{1-5-34}$$

同理则有

$$\begin{aligned}H_{1212}&=H_{2121}\\ H_{1221}&=H_{2112}\end{aligned} \tag{1-5-35}$$

再根据置换定理,有

$$\begin{cases}H_{1122}=H_{2233}=H_{3311}=H_{2211}=H_{3322}=H_{1133}=\alpha\\ H_{1212}=H_{2323}=H_{3131}=H_{2121}=H_{3232}=H_{1313}=\beta\\ H_{1221}=H_{2332}=H_{3113}=H_{2112}=H_{3223}=H_{1331}=\gamma\end{cases} \tag{1-5-36}$$

由此可知式(1-5-29b)、式(1-5-29c)和式(1-5-29d)得证。

现在还剩 1 种情况,即 4 个下标都相同的情形。为此还要做一个新的坐标变换,将旧坐标系绕 x_3 轴逆时针旋转 45°而得到一个新坐标系,其变换系数矩阵为

$$(\beta_{ij})=\begin{bmatrix}\frac{1}{\sqrt{2}} & \frac{1}{\sqrt{2}} & 0\\ -\frac{1}{\sqrt{2}} & \frac{1}{\sqrt{2}} & 0\\ 0 & 0 & 1\end{bmatrix} \tag{1-5-37}$$

根据式(1-5-30),有

$$H_{1111}=H_{1'1'1'1'}=\beta_{1p}\beta_{1q}\beta_{1r}\beta_{1s}H_{pqrs} \tag{1-5-38}$$

在式(1-5-39)的 p、q、r、s 这 4 个下标中,不取 3(因为 $\beta_{13}=0$),只取 1 和 2 且仅取偶数次(因为取奇数次时 $H_{ijkl}=0$,即式(1-5-29e)),这样就有

$$
\begin{aligned}
H_{1111} &= \left(\frac{1}{\sqrt{2}}\right)^4 (H_{1111}+H_{2222}+H_{1122}+H_{2211}+H_{1212}+H_{2121}+H_{1221}+H_{2112}) \\
&= \frac{1}{4}(2H_{1111}+2\alpha+2\beta+\gamma) \\
&= \frac{1}{2}(H_{1111}+\alpha+\beta+\gamma)
\end{aligned} \tag{1-5-39}
$$

即

$$2H_{1111}=H_{1111}+\alpha+\beta+\gamma \tag{1-5-40}$$

所以

$$H_{1111}=\alpha+\beta+\gamma \tag{1-5-41}$$

由置换定理得

$$H_{1111}=H_{2222}=H_{3333}=\alpha+\beta+\gamma \tag{1-5-42}$$

即式(1-5-29a)得证。

对于任意的旋转坐标变换,不难证明 α、β、γ 是 3 个独立标量。

推论 对于第一、第二 2 个指标对称的四阶各向同性张量,只有 2 个独立的标量,并且其对第三、第四 2 个指标也必对称。

证明 设四阶各向同性张量如式(1-5-28)所示。

令

$$\begin{cases}\beta=\mu+\lambda \\ \gamma=\mu-\lambda\end{cases} \tag{1-5-43}$$

并代入式(1-5-28),得

$$
\begin{aligned}
H_{ijkl} &= \alpha\delta_{ij}\delta_{kl}+(\mu+\lambda)\delta_{ik}\delta_{jl}+(\mu-\lambda)\delta_{il}\delta_{jk} \\
&= \alpha\delta_{ij}\delta_{kl}+\mu(\delta_{ik}\delta_{jl}+\delta_{il}\delta_{jk})+\lambda(\delta_{ik}\delta_{jl}-\delta_{il}\delta_{jk})
\end{aligned} \tag{1-5-44}
$$

因 H_{ijkl} 对 i、j 对称,故

$$H_{ijkl}=H_{jikl}=\frac{1}{2}(H_{ijkl}+H_{jikl}) \tag{1-5-45}$$

将式(1-5-44)中的 i、j 对换,得

$$H_{ijkl}=\alpha\delta_{ji}\delta_{kl}+\mu(\delta_{jk}\delta_{il}+\delta_{jl}\delta_{ik})+\lambda(\delta_{jk}\delta_{il}-\delta_{jl}\delta_{ik}) \tag{1-5-46}$$

将式(1-5-44)和式(1-5-46)代入式(1-5-45),且因 $\delta_{ij}=\delta_{ji}$,最后得

$$
\begin{aligned}
H_{ijkl} &= \frac{1}{2}[\alpha(\delta_{ij}\delta_{kl}+\delta_{ji}\delta_{kl})+\mu(\delta_{ik}\delta_{jl}+\delta_{il}\delta_{jk}+\delta_{jk}\delta_{il}+\delta_{jl}\delta_{ik})+ \\
&\quad \lambda(\delta_{ik}\delta_{jl}-\delta_{il}\delta_{jk}+\delta_{jk}\delta_{il}-\delta_{jl}\delta_{ik})] \\
&= \frac{1}{2}[2\alpha\delta_{ij}\delta_{kl}+2\mu(\delta_{ik}\delta_{jl}+\delta_{il}\delta_{jk})] \\
&= \alpha\delta_{ij}\delta_{kl}+\mu(\delta_{ik}\delta_{jl}+\delta_{il}\delta_{jk})
\end{aligned} \tag{1-5-47}
$$

式(1-5-47)中,就只有 2 个独立的标量 α 和 μ 了。

由式(1-5-47),把 H_{ijkl} 的指标 k、l 对换,得

$$H_{ijkl}=\alpha\delta_{ij}\delta_{lk}+\mu(\delta_{il}\delta_{jk}+\delta_{ik}\delta_{jl}) \tag{1-5-48}$$

因为 $\delta_{lk}=\delta_{kl}$，所以

$$H_{ijkl}=H_{ijlk} \tag{1-5-49}$$

说明关于第一、第二 2 个指标对称的四阶各向同性张量关于第三、第四 2 个指标也必对称。

1.6 直角坐标系中的梯度、散度和旋度

1.6.1 张量场的梯度

1. 标量场的梯度

“梯度”的概念是场论中针对标量场引入的，它反映了标量场随空间点变化的规律。设有正交笛卡儿坐标系 $Oxyz$，沿坐标轴正向的单位矢量为 $\boldsymbol{i}$、$\boldsymbol{j}$、$\boldsymbol{k}$。若对空间中每一点 $P(x,y,z)$ 都定义了一个数

$$\phi=\phi(x,y,z) \tag{1-6-1}$$

则在空间（或者在某个区域内）有一个标量场。假定 $\phi(x,y,z)$ 对坐标变量的偏导数存在且连续，可定义矢量

$$\textbf{grad}\ \phi=\boldsymbol{\nabla}\phi=\frac{\partial\phi}{\partial x}\boldsymbol{i}+\frac{\partial\phi}{\partial y}\boldsymbol{j}+\frac{\partial\phi}{\partial z}\boldsymbol{k}=\frac{\partial\phi}{\partial x_i}\boldsymbol{i}_i \tag{1-6-2}$$

$\textbf{grad}\ \phi$ 称为标量场 ϕ 的梯度，$\boldsymbol{\nabla}=\frac{\partial}{\partial x_i}\boldsymbol{i}_i$ 称为哈密顿算子。

梯度的运算法则如下：

$$\boldsymbol{\nabla}(\varphi+\phi)=\boldsymbol{\nabla}\varphi+\boldsymbol{\nabla}\phi \tag{1-6-3}$$

$$\boldsymbol{\nabla}(\phi\varphi)=\phi\boldsymbol{\nabla}\varphi+\varphi\boldsymbol{\nabla}\phi \tag{1-6-4}$$

$$\boldsymbol{\nabla}[F(\varphi)]=F'(\varphi)\boldsymbol{\nabla}\varphi \tag{1-6-5}$$

2. 矢量场的梯度

设 $\boldsymbol{\phi}$ 是直角坐标系中的矢量，则其梯度可定义为

$$\boldsymbol{\nabla\phi}=\frac{\partial\phi_i}{\partial x_j}\boldsymbol{i}_i\boldsymbol{i}_j \tag{1-6-6}$$

式中，$\frac{\partial\phi_i}{\partial x_j}$ 称为矢量场 $\boldsymbol{\phi}$ 梯度的分量。

设 $\boldsymbol{A}'$ 是坐标系 $x_{k'}$ 中的矢量，对 $\boldsymbol{A}'$ 做坐标变换得

$$A_{i'}(x_{k'})=\beta_{i'p}A_p(x_k) \tag{1-6-7}$$

对式（1-6-7）进行求导，得

$$\frac{\partial A_{i'}(x_{k'})}{\partial x_{j'}}=\frac{\partial\beta_{i'p}A_p(x_k)}{\partial x_{j'}}=\beta_{i'p}\frac{\partial A_p(x_k)}{\partial x_{j'}} \tag{1-6-8}$$

因 $x_i=\beta_{ij'}x_{j'}$，故

$$\frac{\partial x_i}{\partial x_{j'}}=\beta_{ij'}=\beta_{j'i} \tag{1-6-9}$$

则由式（1-6-8）可得

$$\frac{\partial A_{i'}(x_{k'})}{\partial x_{j'}}=\beta_{i'p}\beta_{j'p}\frac{\partial A_p(x_k)}{\partial x_q} \tag{1-6-10}$$

也可写为

$$T_{i'j'}=\beta_{i'p}\beta_{j'p}T_{pq} \tag{1-6-11}$$

根据以上推导,我们可以得出这样一个结论:一个 r 阶笛卡儿张量场对坐标系 x_i 的偏导数构成一个 $r+1$ 阶的张量场。

3. 张量场的梯度

设 $\boldsymbol{\phi}$ 是直角坐标系中的二阶张量,则其梯度可定义为

$$\nabla\boldsymbol{\phi}=\frac{\partial\phi_{ij}}{\partial x_k}\boldsymbol{i}_i\boldsymbol{i}_j\boldsymbol{i}_k \tag{1-6-12}$$

式中,$\frac{\partial\phi_{ij}}{\partial x_k}$称为张量 $\boldsymbol{\phi}$ 梯度的分量。

通过式(1-6-12)可以发现这样一个规律:

零阶张量场 $\boldsymbol{\phi}$ 的梯度分量为$\frac{\partial\phi}{\partial x_i}$。

一阶张量场 $\boldsymbol{\phi}$ 的梯度分量为$\frac{\partial\phi_i}{\partial x_j}$。

二阶张量场 $\boldsymbol{\phi}$ 的梯度分量为$\frac{\partial\phi_{ij}}{\partial x_k}$。

显然,张量场可以多次求导,每求导一次,便得出高一阶的张量场。

1.6.2　张量场的散度

1. 矢量场的散度

定义 6　对于矢量场(一阶张量场)$\boldsymbol{\varphi}=\varphi_i\boldsymbol{i}_i$,有

$$\operatorname{div}\boldsymbol{\varphi}=\nabla\cdot\boldsymbol{\varphi}=\nabla_i\boldsymbol{i}_i\cdot\varphi_j\boldsymbol{i}_j=\nabla_i\varphi_j\delta_{ij}=\nabla_i\varphi_i=\frac{\partial\varphi_i}{\partial x_i} \tag{1-6-13}$$

散度的概念在流体力学中是很重要的,如果 $\boldsymbol{v}$ 是流体的速度场,则散度就是单位体积流体在单位时间内流出的流量。

$$\nabla\cdot\boldsymbol{v}=\frac{\partial v_i}{\partial x_j}\boldsymbol{i}_i\cdot\boldsymbol{i}_j=\frac{\partial v_i}{\partial x_i}=\nabla_i v_i \tag{1-6-14}$$

矢量散度的运算法则如下:

(1)设 $\boldsymbol{A}$、$\boldsymbol{B}$ 是两个矢量,p、q 为两个常数,则

$$\begin{aligned}\nabla\cdot(p\boldsymbol{A}+q\boldsymbol{B})&=p\nabla\cdot A+q\nabla\cdot B\\&=\nabla_i(pA_j)\boldsymbol{i}_i\cdot\boldsymbol{i}_j+\nabla_i(qB_j)\boldsymbol{i}_i\cdot\boldsymbol{i}_j\end{aligned} \tag{1-6-15}$$

由于$\frac{\partial p}{\partial x_i}=0,\frac{\partial q}{\partial x_i}=0$,所以

$$\begin{aligned}\nabla_i(pA_j)\boldsymbol{i}_i\cdot\boldsymbol{i}_j+\nabla_i(qB_j)\boldsymbol{i}_i\cdot\boldsymbol{i}_j&=p\nabla_iA_j\delta_{ij}+q\nabla_iB_j\delta_{ij}\\&=p\nabla_iA_i+q\nabla_jB_j\end{aligned} \tag{1-6-16}$$

(2)设 φ 为一标量,$\boldsymbol{A}$ 为一矢量,则,

$$\begin{aligned}\nabla\cdot(\varphi\boldsymbol{A})&=\nabla_i\boldsymbol{i}_i\cdot(\varphi A_j\boldsymbol{i}_j)\\&=\nabla_i(\varphi A_j)\delta_{ij}\end{aligned}$$

$$= \left(\frac{\partial \varphi}{\partial x_i}\right) A_j \delta_{ij} + \left(\frac{\partial A_j}{\partial x_i}\right) \varphi \delta_{ij}$$

$$= \left(\frac{\partial \varphi}{\partial x_i} \boldsymbol{i}_i\right) \cdot A_j \boldsymbol{i}_j + \left(\frac{\partial A_j}{\partial x_j}\right) \varphi$$

$$= (\boldsymbol{\nabla} \varphi) \cdot \boldsymbol{A} + (\boldsymbol{\nabla} \cdot \boldsymbol{A}) \varphi \tag{1-6-17}$$

(3)设 $\boldsymbol{r}=x_i \boldsymbol{i}_i$ 为空间中一点的位矢,则

$$\boldsymbol{\nabla} \cdot \boldsymbol{r} = \nabla_i x_j \boldsymbol{i}_i \cdot \boldsymbol{i}_j = \nabla_i x_j \delta_{ij} = \nabla_i x_i = \frac{\partial x_i}{\partial x_i} = 3 \tag{1-6-18}$$

(4)设 $\boldsymbol{A}$、$\boldsymbol{B}$ 是平面中两个矢量,则

$$\begin{aligned}
\boldsymbol{\nabla} \cdot (\boldsymbol{AB}) &= \nabla_i \boldsymbol{i}_i \cdot (A_j \boldsymbol{i}_j B_k \boldsymbol{i}_k) \\
&= \nabla_i (A_j B_k) \delta_{ij} \boldsymbol{i}_k \\
&= \nabla_i (A_i B_k) \boldsymbol{i}_k \\
&= (\nabla_i A_i) B_k \boldsymbol{i}_k + (\nabla_i B_k) \boldsymbol{i}_k A_i \\
&= (\boldsymbol{\nabla} \cdot \boldsymbol{A}) \boldsymbol{B} + (\boldsymbol{A} \cdot \boldsymbol{\nabla}) \boldsymbol{B}
\end{aligned} \tag{1-6-19}$$

2. 张量场的散度

将二阶张量场 A_{ij} 的梯度分量 $\frac{\partial A_{ij}}{\partial x_k}$ 对 i、k 进行缩并,得 $B_j = \frac{\partial A_{ij}}{\partial x_i}$。

$$\begin{aligned}
B_{j'} &= \frac{\partial A_{i'j'}}{\partial x_{i'}} \\
&= \frac{\partial}{\partial x_{i'}} (\beta_{i'p} \beta_{j'p} A_{pq}) \\
&= \beta_{i'p} \beta_{j'q} \frac{\partial A_{pq}}{\partial x_{i'}} \\
&= \beta_{i'p} \beta_{j'q} \left(\beta_{i'k} \frac{\partial A_{pq}}{\partial x_k}\right) \\
&= \beta_{j'q} \delta_{pk} \frac{\partial A_{pq}}{\partial x_k} \\
&= \beta_{j'q} \frac{\partial A_{pq}}{\partial x_p} \\
&= \beta_{j'q} B_q
\end{aligned} \tag{1-6-20}$$

符合张量定义,故 B_q 为一阶张量场的分量。所以得出结论:r 阶张量场的散度为 $r-1$ 阶张量场。

1.6.3 矢量的旋度

在流场中,任何一个流体微团在每一瞬时的运动可以分为 3 部分:平移运动、转动和变形运动(包括直线变形和剪切变形)。要研究流体的运动,就要确定角速度的表达式,因此引入“旋度”的概念。

定义 7 $\boldsymbol{\varphi}$ 是直角坐标系中的矢量,则 $\boldsymbol{\varphi}$ 的旋度为

$$\mathbf{rot}\ \boldsymbol{\varphi}=\boldsymbol{\nabla}\times\boldsymbol{\varphi}=\begin{vmatrix}\boldsymbol{i}_1 & \boldsymbol{i}_2 & \boldsymbol{i}_3\\ \dfrac{\partial}{\partial x_1} & \dfrac{\partial}{\partial x_2} & \dfrac{\partial}{\partial x_3}\\ \varphi_1 & \varphi_2 & \varphi_3\end{vmatrix} \tag{1-6-21}$$

有关旋度的运算公式如下：

(1)设 $\boldsymbol{A}$、$\boldsymbol{B}$ 是两个矢量，p、q 为两个常数，则

$$\boldsymbol{\nabla}\times(p\boldsymbol{A}+q\boldsymbol{B})=p\boldsymbol{\nabla}\times\boldsymbol{A}+q\boldsymbol{\nabla}\times\boldsymbol{B} \tag{1-6-22}$$

(2)设 φ 是一标量，$\boldsymbol{A}$ 为一矢量，则

$$\begin{aligned}\boldsymbol{\nabla}\times(\varphi\boldsymbol{A})&=\nabla_i\boldsymbol{i}_i\times(\varphi A_j)\boldsymbol{i}_j\\&=\varphi(\nabla_iA_j)e_{ijk}\boldsymbol{i}_k+(\nabla_i\varphi)A_je_{ijk}\boldsymbol{i}_k\\&=\varphi(\boldsymbol{\nabla}\times\boldsymbol{A})+(\boldsymbol{\nabla}\varphi)\times\boldsymbol{A}\end{aligned} \tag{1-6-23}$$

(3)设 $\boldsymbol{r}$ 为空间中一点的位矢，则

$$\boldsymbol{\nabla}\times\boldsymbol{r}=(\nabla_ix_j)e_{ijk}\boldsymbol{i}_k=\frac{\partial x_j}{\partial x_i}e_{ijk}\boldsymbol{i}_k \tag{1-6-24}$$

将式(1-6-24)等号右边在 $\boldsymbol{i}_1$ 的情况下展开，得

$$\begin{aligned}&\frac{\partial x_1}{\partial x_1}e_{111}\boldsymbol{i}_1+\frac{\partial x_1}{\partial x_2}e_{121}\boldsymbol{i}_1+\frac{\partial x_1}{\partial x_3}e_{131}\boldsymbol{i}_1+\frac{\partial x_2}{\partial x_1}e_{211}\boldsymbol{i}_1+\frac{\partial x_2}{\partial x_2}e_{221}\boldsymbol{i}_1+\\&\frac{\partial x_2}{\partial x_3}e_{231}\boldsymbol{i}_1+\frac{\partial x_3}{\partial x_1}e_{311}\boldsymbol{i}_1+\frac{\partial x_3}{\partial x_2}e_{321}\boldsymbol{i}_1+\frac{\partial x_3}{\partial x_3}e_{331}\boldsymbol{i}_1\end{aligned} \tag{1-6-25}$$

其中有 7 项置换符号为 0，且对于位矢坐标相互独立，故$\dfrac{\partial x_2}{\partial x_3}$和$\dfrac{\partial x_3}{\partial x_2}$也为 0。所以式(1-6-24)在 $\boldsymbol{i}_1$ 的情况下为 0，同理其在 $\boldsymbol{i}_2$、$\boldsymbol{i}_3$ 的情况下的展开式也为 0。故

$$\boldsymbol{\nabla}\times\boldsymbol{r}=0 \tag{1-6-26}$$

(4)

$$\begin{aligned}\boldsymbol{\nabla}\times[f(r)\boldsymbol{r}]&=\nabla_i\boldsymbol{i}_i\times[f(r)r_j\boldsymbol{i}_j]\\&=\nabla_i[f(r)r_j]e_{ijk}\boldsymbol{i}_k\\&=[\nabla_if(r)]r_je_{ijk}\boldsymbol{i}_k+(\nabla_ir_j)f(r)e_{ijk}\boldsymbol{i}_k\\&=f(r)\boldsymbol{\nabla}\times\boldsymbol{r}-\boldsymbol{r}\times\boldsymbol{\nabla}[f(r)]\end{aligned} \tag{1-6-27}$$

根据式(1-6-26)，$\boldsymbol{\nabla}\times\boldsymbol{r}=0$，所以

$$\begin{aligned}\boldsymbol{\nabla}\times[f(r)\boldsymbol{r}]&=-\boldsymbol{r}\times\boldsymbol{\nabla}[f(r)]\\&=-\boldsymbol{r}\times f'(r)\boldsymbol{\nabla}r=0\end{aligned} \tag{1-6-28}$$

1.6.4　散度、旋度、梯度的综合应用

$$\begin{aligned}\boldsymbol{\nabla}\cdot\boldsymbol{\nabla}\varphi&=\nabla_i\boldsymbol{i}_i\cdot\nabla_j\boldsymbol{i}_j\varphi\\&=(\nabla_i\nabla_j\varphi)\delta_{ij}\\&=\nabla_i\nabla_i\varphi\\&=\boldsymbol{\nabla}^2\varphi\\&=\Delta\varphi\end{aligned} \tag{1-6-29}$$

式中，Δ 称为拉普拉斯算子。

例 1 证明：$\boldsymbol{\nabla}^2\boldsymbol{v}=\boldsymbol{\nabla}\cdot(\boldsymbol{\nabla v})=\boldsymbol{\nabla}(\boldsymbol{\nabla}\cdot\boldsymbol{v})-\boldsymbol{\nabla}\times(\boldsymbol{\nabla}\times\boldsymbol{v})$

证明

$$
\begin{aligned}
\nabla_i\boldsymbol{i}_i(\nabla_j\boldsymbol{i}_j\cdot v_k\boldsymbol{i}_k)-\nabla_i\boldsymbol{i}_i\times(\nabla_j\boldsymbol{i}_j\times v_k\boldsymbol{i}_k)&=\nabla_i\boldsymbol{i}_i(\nabla_j v_k\delta_{jk})-\nabla_i\boldsymbol{i}_i\times(\nabla_j v_k e_{jkr}\boldsymbol{i}_r)\\
&=\nabla_i\boldsymbol{i}_i(\nabla_j v_j)-\nabla_i\nabla_j v_k e_{rjk}e_{rsi}\boldsymbol{i}_s\\
&=\nabla_i\boldsymbol{i}_i(\nabla_j v_j)-\nabla_i\nabla_j v_k(\delta_{js}\delta_{ki}-\delta_{ks}\delta_{ji})\boldsymbol{i}_s\\
&=\nabla_i\boldsymbol{i}_i(\nabla_j v_j)-\nabla_i\nabla_j v_k\delta_{js}\delta_{ki}\boldsymbol{i}_s+\nabla_i\nabla_j v_k\delta_{ks}\delta_{ji}\boldsymbol{i}_s\\
&=\nabla_i\boldsymbol{i}_i(\nabla_j v_j)-\nabla_s\boldsymbol{i}_s(\nabla_i v_i)+\nabla_i\nabla_i v_s\boldsymbol{i}_s\\
&=\boldsymbol{\nabla}(\boldsymbol{\nabla}\cdot\boldsymbol{v})-\boldsymbol{\nabla}(\boldsymbol{\nabla}\cdot\boldsymbol{v})+\boldsymbol{\nabla}\cdot(\boldsymbol{\nabla v})\\
&=\boldsymbol{\nabla}\cdot(\boldsymbol{\nabla v})\\
&=\boldsymbol{\nabla}^2\boldsymbol{v}
\end{aligned}
$$

所以$\boldsymbol{\nabla}\cdot(\boldsymbol{\nabla v})=\boldsymbol{\nabla}(\boldsymbol{\nabla}\cdot\boldsymbol{v})-\boldsymbol{\nabla}\times(\boldsymbol{\nabla}\times\boldsymbol{v})$，还可以写成$\boldsymbol{\nabla}\cdot(\boldsymbol{\nabla v})=\boldsymbol{\nabla}q-\boldsymbol{\nabla}\times\boldsymbol{\Omega}$。其中$\boldsymbol{\nabla}q$为速度场的散度；$\boldsymbol{\Omega}=\boldsymbol{\nabla}\times\boldsymbol{v}$，为旋度。这些量的物理意义在后边的章节中会陆续介绍。

例 2 在后续推导流体微分方程时，会常用到这样一个结论：旋度的散度等于 0。下面对这个结论予以证明。

证明

$$
\begin{aligned}
\boldsymbol{\nabla}\cdot(\boldsymbol{\nabla}\times\boldsymbol{v})&=\nabla_i\boldsymbol{i}_i\cdot(\nabla_j\boldsymbol{i}_j\times v_k\boldsymbol{i}_k)\\
&=\nabla_i\boldsymbol{i}_i\cdot\nabla_j v_k e_{jkr}\boldsymbol{i}_r\\
&=\nabla_i\nabla_j v_k e_{jkr}\delta_{ir}\\
&=\nabla_r\nabla_j v_k e_{jkr}
\end{aligned}\tag{1}
$$

式(1)共有 27 项，将式(1)等号右边在 $k=1$ 时展开，得

$$
\begin{aligned}
&\nabla_1\nabla_1v_1e_{111}+\nabla_1\nabla_2v_1e_{121}+\nabla_1\nabla_3v_1e_{131}+\nabla_2\nabla_1v_1e_{121}+\nabla_2\nabla_2v_1e_{221}+\\
&\nabla_2\nabla_3v_1e_{231}+\nabla_3\nabla_1v_1e_{311}+\nabla_3\nabla_2v_1e_{321}+\nabla_3\nabla_3v_1e_{331}
\end{aligned}\tag{2}
$$

式(2)中有 7 项为 0，$\nabla_2\nabla_3v_1e_{231}$、$\nabla_3\nabla_2v_1e_{321}$ 符号相反且大小相等，所以 $k=1$ 时，式(2)为 0。同理，$\nabla_r\nabla_jv_2e_{j2r}$、$\nabla_r\nabla_jv_3e_{j3r}$ 也为 0。所以旋度的散度等于 0。

例 3 已知 $\boldsymbol{u}$、$\boldsymbol{v}$ 为矢量场函数。证明：

$$\boldsymbol{\nabla}(\boldsymbol{u}\cdot\boldsymbol{v})=\boldsymbol{u}\cdot\boldsymbol{\nabla v}+\boldsymbol{v}\cdot\boldsymbol{\nabla u}+\boldsymbol{u}\times(\boldsymbol{\nabla}\times\boldsymbol{v})+\boldsymbol{v}\times(\boldsymbol{\nabla}\times\boldsymbol{u})$$

证明 待证式等号右边为

$$
\begin{aligned}
&u_i\boldsymbol{i}_i\cdot(\nabla_j\boldsymbol{i}_jv_k\boldsymbol{i}_k)+v_i\boldsymbol{i}_i\cdot(\nabla_j\boldsymbol{i}_ju_k\boldsymbol{i}_k)+u_i\boldsymbol{i}_i\times(\nabla_j\boldsymbol{i}_j\times v_k\boldsymbol{i}_k)+v_i\boldsymbol{i}_i\times(\nabla_j\boldsymbol{i}_j\times u_k\boldsymbol{i}_k)\\
&=u_i\nabla_jv_k\delta_{ij}\boldsymbol{i}_k+v_i\nabla_ju_k\delta_{ij}\boldsymbol{i}_k+u_i\nabla_jv_ke_{rjk}e_{rsi}\boldsymbol{i}_s+v_i\nabla_ju_ke_{rjk}e_{rsi}\boldsymbol{i}_s\\
&=u_i\nabla_iv_k\boldsymbol{i}_k+v_i\nabla_iu_k\boldsymbol{i}_k+u_i\nabla_jv_k(\delta_{js}\delta_{ki}-\delta_{ji}\delta_{ks})\boldsymbol{i}_s+v_i\nabla_ju_k(\delta_{js}\delta_{ki}-\delta_{ji}\delta_{ks})\boldsymbol{i}_s\\
&=u_i\nabla_iv_k\boldsymbol{i}_k+v_i\nabla_iu_k\boldsymbol{i}_k+u_i\nabla_jv_k\delta_{js}\delta_{ki}\boldsymbol{i}_s-u_i\nabla_jv_k\delta_{ji}\delta_{ks}\boldsymbol{i}_s+v_i\nabla_ju_k\delta_{js}\delta_{ki}\boldsymbol{i}_s-v_i\nabla_ju_k\delta_{ji}\delta_{ks}\boldsymbol{i}_s\\
&=u_i\nabla_iv_k\boldsymbol{i}_k+v_i\nabla_iu_k\boldsymbol{i}_k+u_i\nabla_sv_i\boldsymbol{i}_s-u_i\nabla_iv_s\boldsymbol{i}_s+v_i\nabla_su_i\boldsymbol{i}_s-v_i\nabla_iu_s\boldsymbol{i}_s\\
&=u_i\nabla_sv_i\boldsymbol{i}_s+v_i\nabla_su_i\boldsymbol{i}_s\\
&=\boldsymbol{\nabla}(\boldsymbol{u}\cdot\boldsymbol{v})
\end{aligned}
$$

例 4 已知 $\boldsymbol{u}$、$\boldsymbol{v}$ 为矢量场函数，证明：

$$\boldsymbol{\nabla}\times(\boldsymbol{u}\times\boldsymbol{v})=\boldsymbol{v}\cdot\boldsymbol{\nabla u}-\boldsymbol{u}\cdot\boldsymbol{\nabla v}+\boldsymbol{u}(\boldsymbol{\nabla}\cdot\boldsymbol{v})-\boldsymbol{v}(\boldsymbol{\nabla}\cdot\boldsymbol{u})$$

证明 待证式等号左边为

$$
\begin{aligned}
\nabla_i\boldsymbol{i}_i\times(u_j\boldsymbol{i}_j\times v_k\boldsymbol{i}_k)&=\nabla_i\boldsymbol{i}_i\times u_jv_ke_{jkr}\boldsymbol{i}_r\\
&=\nabla_i(u_jv_k)e_{rjk}e_{rsi}\boldsymbol{i}_s\\
&=\nabla_i(u_jv_k)(\delta_{js}\delta_{ki}-\delta_{ji}\delta_{ks})\boldsymbol{i}_s
\end{aligned}
$$

$$
\begin{aligned}
&= \nabla_i(u_j v_k)\delta_{js}\delta_{ki}\boldsymbol{i}_s - \nabla_i(u_j v_k)\delta_{ji}\delta_{ks}\boldsymbol{i}_s \\
&= u_s(\nabla_i v_i)\boldsymbol{i}_s + v_i(\nabla_i u_s)\boldsymbol{i}_s - u_i(\nabla_i v_s)\boldsymbol{i}_s - v_s(\nabla_i u_i)\boldsymbol{i}_s \\
&= \boldsymbol{u}(\boldsymbol{\nabla}\cdot\boldsymbol{v}) + \boldsymbol{v}\cdot(\boldsymbol{\nabla}\,\boldsymbol{u}) - \boldsymbol{u}(\boldsymbol{\nabla}\cdot\boldsymbol{v}) - \boldsymbol{v}(\boldsymbol{\nabla}\cdot\boldsymbol{u})
\end{aligned}
$$

例 5　证明：$\boldsymbol{\nabla}\times(\boldsymbol{\nabla}\varphi)=0$。

证明

$$
\begin{aligned}
\boldsymbol{\nabla}\times(\boldsymbol{\nabla}\varphi) &= \nabla_i\boldsymbol{i}_i\times(\nabla_j\varphi\boldsymbol{i}_j) \\
&= \nabla_i\nabla_j\varphi e_{ijk}\boldsymbol{i}_k \qquad (1)
\end{aligned}
$$

在 $k=1$ 时，将式(1)等号右边展开，得

$$
\begin{aligned}
&\nabla_1\nabla_1\varphi e_{111}\boldsymbol{i}_1+\nabla_1\nabla_2\varphi e_{121}\boldsymbol{i}_1+\nabla_1\nabla_3\varphi e_{131}\boldsymbol{i}_1+\nabla_2\nabla_1\varphi e_{211}\boldsymbol{i}_1+\nabla_2\nabla_2\varphi e_{221}\boldsymbol{i}_1+ \\
&\nabla_2\nabla_3\varphi e_{231}\boldsymbol{i}_1+\nabla_3\nabla_1\varphi e_{311}\boldsymbol{i}_1+\nabla_3\nabla_2\varphi e_{321}\boldsymbol{i}_1+\nabla_3\nabla_3\varphi e_{331}\boldsymbol{i}_1 \qquad (2)
\end{aligned}
$$

式(2)共 9 项，其中 7 项为 0，$\nabla_2\nabla_3\varphi e_{231}\boldsymbol{i}_1$ 和$\nabla_3\nabla_2\varphi e_{321}\boldsymbol{i}_1$ 符号相反且大小相等。所以式(2)等于 0。

例 6　证明：$\boldsymbol{\nabla}\left(\dfrac{v^2}{2}\right)=(\boldsymbol{v}\cdot\boldsymbol{\nabla})\boldsymbol{v}+\boldsymbol{v}\times(\boldsymbol{\nabla}\times\boldsymbol{v})$。

证明　待证式等号右边为

$$
\begin{aligned}
(v_i\boldsymbol{i}_i\cdot\nabla_j\boldsymbol{i}_j)v_k\boldsymbol{i}_k+v_i\boldsymbol{i}_i\times(\nabla_j\boldsymbol{i}_j\times v_k\boldsymbol{i}_k) &= (v_i\nabla_i)v_k\boldsymbol{i}_k+v_i\nabla_j v_k e_{rjk}e_{rsi}\boldsymbol{i}_s \\
&= v_i\nabla_i v_k\boldsymbol{i}_k+v_i\nabla_j v_k(\delta_{js}\delta_{ki}-\delta_{ji}\delta_{ks})\boldsymbol{i}_s \\
&= v_i\nabla_i v_k\boldsymbol{i}_k+v_i\nabla_j v_k\delta_{js}\delta_{ki}\boldsymbol{i}_s-v_i\nabla_j v_k\delta_{ji}\delta_{ks}\boldsymbol{i}_s \\
&= v_i\nabla_i v_k\boldsymbol{i}_k+v_i\nabla_s v_i\boldsymbol{i}_s-v_i\nabla_i v_s\boldsymbol{i}_s \\
&= v_i\nabla_s v_i\boldsymbol{i}_s
\end{aligned}
$$

待证式等号左边为

$$
\boldsymbol{\nabla}\left(\frac{v^2}{2}\right)=\nabla_i\boldsymbol{i}_i\left(\frac{v_j\cdot v_j}{2}\right)=v_j\nabla_i v_j\boldsymbol{i}_i
$$

由上述分析可知左边等于右边，证毕。

例 7　已知 $\boldsymbol{u}$ 为矢量场函数，$\boldsymbol{c}$ 为一常矢量。证明：

$$
\boldsymbol{\nabla}(\boldsymbol{c}\cdot\boldsymbol{v})=\boldsymbol{c}\cdot\boldsymbol{\nabla}\boldsymbol{v}+\boldsymbol{c}\times(\boldsymbol{\nabla}\times\boldsymbol{v})
$$

证明　待证式等号右边为

$$
\begin{aligned}
c_i\boldsymbol{i}_i\cdot\nabla_j\boldsymbol{i}_j v_k\boldsymbol{i}_k+c_i\boldsymbol{i}_i\times(\nabla_j\boldsymbol{i}_j\times v_k\boldsymbol{i}_k) &= c_i\nabla_i v_k\boldsymbol{i}_k+c_i\nabla_j v_k e_{rjk}e_{rsi}\boldsymbol{i}_s \\
&= c_i\nabla_i v_k\boldsymbol{i}_k+c_i\nabla_j v_k(\delta_{js}\delta_{ki}-\delta_{ji}\delta_{ks})\boldsymbol{i}_s \\
&= c_i\nabla_i v_k\boldsymbol{i}_k+c_i\nabla_j v_k\delta_{js}\delta_{ki}\boldsymbol{i}_s-c_i\nabla_j v_k\delta_{ji}\delta_{ks}\boldsymbol{i}_s \\
&= c_i\nabla_i v_k\boldsymbol{i}_k+c_i\nabla_s v_i\boldsymbol{i}_s-c_i\nabla_i v_s\boldsymbol{i}_s \\
&= c_i\nabla_s v_i\boldsymbol{i}_s
\end{aligned}
$$

待证式等号左边为

$$
\begin{aligned}
\boldsymbol{\nabla}(\boldsymbol{c}\cdot\boldsymbol{v}) &= \nabla_i\boldsymbol{i}_i(c_j v_j) \\
&= c_j\nabla_i v_j\boldsymbol{i}_i
\end{aligned}
$$

由上述分析可知左边等于右边，证毕。

例 8　已知 $\boldsymbol{c}$ 为一常矢量，$\boldsymbol{r}$ 为位矢，计算 $\boldsymbol{\nabla}(\boldsymbol{c}\cdot\boldsymbol{r})$。

解

$$
\begin{aligned}
\boldsymbol{\nabla}(\boldsymbol{c}\cdot\boldsymbol{r}) &= \nabla_i\boldsymbol{i}_i(c_j\boldsymbol{i}_j x_k\boldsymbol{i}_k) \\
&= \nabla_i\boldsymbol{i}_i(c_j x_j)
\end{aligned}
$$

$$
\begin{aligned}
&=x_j(\nabla_i c_j)\boldsymbol{i}_i+c_j(\nabla_i x_j)\boldsymbol{i}_i\\
&=c_j(\nabla_i x_j)\boldsymbol{i}_i\\
&=c_1\boldsymbol{i}_1+c_2\boldsymbol{i}_2+c_3\boldsymbol{i}_3\\
&=\boldsymbol{c}
\end{aligned}
$$

本章习题

1. 在直角坐标系中计算下列各量的值。

(1)δ_{ii}。

(2)$\delta_{ij}\delta_{ij}\delta_{ij}$。

(3)$\delta_{ij}\delta_{jk}\delta_{ki}$。

(4)$\delta_{ij}e_{ijk}$。

(5)$e_{ijk}e_{kji}$。

2. 证明:$(\boldsymbol{A}\times\boldsymbol{B})\cdot(\boldsymbol{C}\times\boldsymbol{D})=(A_i\boldsymbol{i}_i\times B_j\boldsymbol{i}_j)\cdot(C_k\boldsymbol{i}_k\times D_m\boldsymbol{i}_m)$。

3. 设由坐标系 x_i 变换到坐标系 $x_{i'}$,其中

$$
(\beta_{i'j})=\begin{bmatrix}\frac{\sqrt{3}}{2} & \frac{1}{2} & 0\\ -\frac{\sqrt{3}}{4} & \frac{3}{4} & \frac{1}{2}\\ \frac{1}{4} & -\frac{\sqrt{3}}{4} & \frac{\sqrt{3}}{2}\end{bmatrix}
$$

(1)求矢量 $\boldsymbol{A}=-\boldsymbol{i}_1+2\boldsymbol{i}_2-2\boldsymbol{i}_3$ 在坐标系 $x_{i'}$ 中的分量。

(2)求矢量 $\boldsymbol{B}=2\boldsymbol{i}_{1'}+2\boldsymbol{i}_{2'}-3\boldsymbol{i}_{3'}$ 在坐标系 x_i 中的分量。

4. 若坐标系 $x_{i'}$ 是坐标系 x_i 绕 x_3 轴逆时针方向转过 θ 角得到的,则

(1)求变换系数 $\beta_{ij'}$。

(2)求矢量 $\boldsymbol{v}=v_i\boldsymbol{i}_i$ 在新坐标系下的分量。

(3)求二阶张量 $\boldsymbol{D}=3\boldsymbol{i}_1\boldsymbol{i}_1+2\boldsymbol{i}_2\boldsymbol{i}_2-\boldsymbol{i}_2\boldsymbol{i}_3+5\boldsymbol{i}_3\boldsymbol{i}_3$ 在坐标系 $x_{i'}$ 中的表达式。

5. 设一个二阶张量的分量为

$$
(A_{ij})=\begin{bmatrix}2 & 3 & -2\\ 0 & 3 & 2\\ 4 & 2 & 1\end{bmatrix}
$$

它可以化为对称部分 S_{ij} 和反对称部分 T_{ij} 之和。试求出 S_{ij} 和 T_{ij}。

6. 设二阶张量 $\boldsymbol{T}$ 在直角坐标系中的分量为

$$
(T_{ij})=\begin{bmatrix}3 & 1 & -2\\ 1 & 0 & 3\\ 2 & -1 & 4\end{bmatrix}
$$

矢量 $\boldsymbol{A}=2\boldsymbol{i}_1-3\boldsymbol{i}_2+3\boldsymbol{i}_3$,$\boldsymbol{B}=-\boldsymbol{i}_1+2\boldsymbol{i}_2-2\boldsymbol{i}_3$。求内积:

(1)$T_{ij}A_j$。

(2)$T_{ij}B_j$。

(3) $T_{ij}A_iB_j$。

7. 设二阶对称张量

$$(T_{ij})=\begin{bmatrix}7 & 3 & 0\\ 3 & 7 & 4\\ 0 & 4 & 7\end{bmatrix}$$

求该张量的主值和主轴。

8. 设二阶笛卡儿张量

$$(T_{ij})=\begin{bmatrix}2 & -1 & 1\\ -1 & 2 & -1\\ 1 & -1 & 2\end{bmatrix}$$

求该张量的特征值 $\boldsymbol{\lambda}^{(k)}$ 和特征矢量 $\boldsymbol{L}^{(k)}$，并写出相应的主值和主轴。

第 2 章　斜角直线坐标系中的张量

2.1　斜角直线坐标系

第 1 章介绍了笛卡儿坐标系中的张量以及一些基础知识，但在解决实际问题时，适时巧妙地引入斜角直线坐标系将会使问题更加简单明了。本节就先介绍斜角直线坐标系。

2.1.1　平面内的斜角直线坐标系

如图 2-1 所示，平面内直线坐标系 x^1、x^2 的坐标线不正交，夹角为 $\varphi(\varphi<\pi)$。设参考矢量 $\boldsymbol{e}_1$、$\boldsymbol{e}_2$（这里可以为非单位矢量）沿坐标线方向，则任意矢量 $\boldsymbol{P}$ 可以用 $\boldsymbol{e}_1$、$\boldsymbol{e}_2$ 表示：

$$\boldsymbol{P}=x^1\boldsymbol{e}_1+x^2\boldsymbol{e}_2=x^\alpha\boldsymbol{e}_\alpha \tag{2-1-1}$$

式中，x^1 与 x^2 称为矢量 $\boldsymbol{P}$ 的分量；α 为哑标。在斜角直线坐标系中，哑标规则如下：

区别于直角坐标系，在斜角直线坐标系的同一项中，一个上指标与一个下指标成对出现，表示遍历取值范围求和。对于二维问题用希腊字母指标 α、β 等，取值 1，2；三维问题用拉丁字母指标 i、j 等，取值 1，2，3。图 2-1 所示为平面内的斜角直线坐标系。

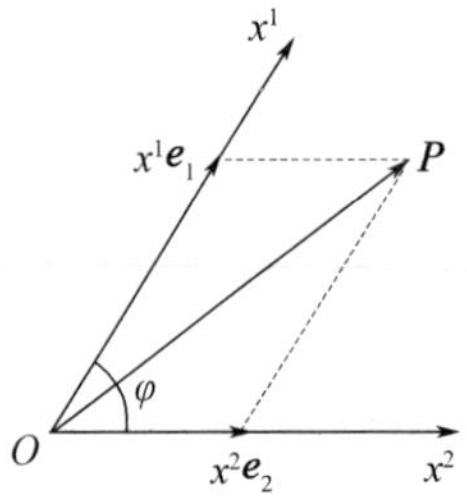

图 2-1　平面内的斜角直线坐标系

2.1.2　三维空间中的斜角直线坐标系

如图 2-2 所示，在斜角直线坐标系（x^1，x^2，x^3）中，三维空间每一点以（x^1，x^2，x^3）表示。x^i 面为给定常数的各点的集合，是互相平行的坐标平面，其在 $i=1,2,3$ 时分别为三簇平行的坐标平面，它们互相之间是斜交的。仅 x^1 变化，x^2、x^3 分别取一系列确定值的各点的集合是一簇互相平行的直线，称为 x^1 坐标线，x^2、x^3 坐标线也以同样的方法定义。三簇坐标线是斜交的。设 $\boldsymbol{e}_1$、$\boldsymbol{e}_2$、$\boldsymbol{e}_3$ 分别为沿 x^1、x^2、x^3 任意长度的矢量，则空间中任一点 P 的位矢 $\boldsymbol{R}$ 可沿着 $\boldsymbol{e}_1$、$\boldsymbol{e}_2$、$\boldsymbol{e}_3$ 的方向分解为 $\boldsymbol{OP}_1$、$\boldsymbol{OP}_2$、$\boldsymbol{OP}_3$（图 2-2），即

$$\boldsymbol{R}=\boldsymbol{OP}_1+\boldsymbol{OP}_2+\boldsymbol{OP}_3 \tag{2-1-2}$$

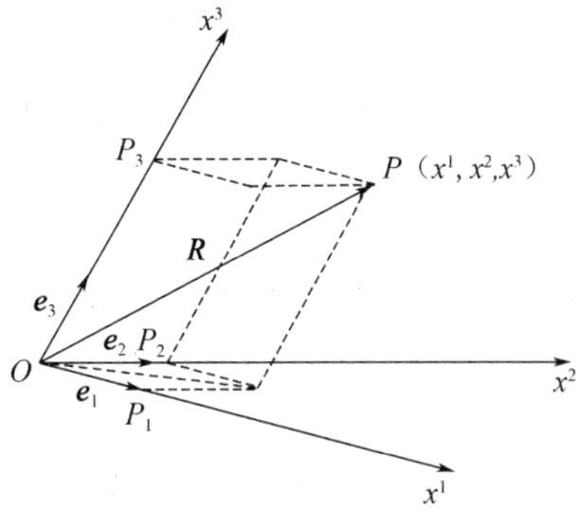

图 2-2　三维空间中的斜角直线坐标系

如各向量 $\boldsymbol{OP}_k(k=1,2,3)$ 通过给定的矢量 $\boldsymbol{e}_i(i=1,2,3)$ 来表示，则式(2-1-2)可写成

$$\boldsymbol{R}=x^1\boldsymbol{e}_1+x^2\boldsymbol{e}_2+x^3\boldsymbol{e}_3 \tag{2-1-3}$$

此处 $\boldsymbol{e}_i$ 称为坐标系的基矢量(或称基底)；x^i 为位矢 $\boldsymbol{R}$ 沿基矢量 $\boldsymbol{e}_i$ 的分量，也就是在以 $\boldsymbol{e}_i$ 为基底的坐标系 x^i 中点 P 的坐标。因

$$|x^1|=\frac{\|\boldsymbol{OP}_1\|}{\|\boldsymbol{e}_1\|},\ |x^2|=\frac{\|\boldsymbol{OP}_2\|}{\|\boldsymbol{e}_2\|},\ |x^3|=\frac{\|\boldsymbol{OP}_3\|}{\|\boldsymbol{e}_3\|} \tag{2-1-4}$$

故 x^i 的值与 $\|\boldsymbol{e}_i\|$ 有关。对于同一个位矢 $\boldsymbol{R}$，如果改变 $\boldsymbol{e}_i$ 的模值(但不改变 $\boldsymbol{e}_i$ 的方向)，则 x^i 的值也随之改变。

如果 $\boldsymbol{e}_i$ 为单位矢量，则由式(2-1-4)得 $|x^i|=\|OP_i\|$，这时，x^i 有直观的几何意义，它代表 x^i 坐标轴的一段距离。第1章所讨论的直角坐标系就属于这种情况。如果 $\boldsymbol{e}_i$ 不是单位矢量，则 $\|x^1\boldsymbol{e}_1\|$、$\|x^2\boldsymbol{e}_2\|$、$\|x^3\boldsymbol{e}_3\|$ 分别代表相应坐标轴的一段距离，而坐标 x^i 不具有这种直观的几何意义。

另外，为了使上标和指数不混淆，我们将指数写在括号的外边。例如，x^1、x^2、x^3 的平方和写为

$$(x^1)^2+(x^2)^2+(x^3)^2=\sum_{i=1}^{3}(x^i)^2 \tag{2-1-5}$$

对于分式，当分子和分母的重复指标均为上标(或下标)时，求和约定才适用。例如

$$\mathrm{d}u^i=\frac{\partial u^i}{\partial x^j}\mathrm{d}x^j=\frac{\partial u^i}{\partial x^1}\mathrm{d}x^1+\frac{\partial u^i}{\partial x^2}\mathrm{d}x^2+\frac{\partial u^i}{\partial x^3}\mathrm{d}x^3 \tag{2-1-6}$$

而对于

$$\frac{\partial a_{ij}}{\partial x^j}\neq\frac{\partial a_{i1}}{\partial x^1}+\frac{\partial a_{i2}}{\partial x^2}+\frac{\partial a_{i3}}{\partial x^3} \tag{2-1-7}$$

在斜角直线坐标系下，克罗内克符号用 $\delta^i{}_j$ 表示，其具体数值如下：

$$\delta^i{}_j=\delta_i^j=\delta_j^i=\begin{cases}1 & (i=j)\\0 & (i\neq j)\end{cases} \tag{2-1-8}$$

2.1.3　协变基矢量与逆变基矢量

由式(2-1-3)求矢径对坐标的微分得

$$d\boldsymbol{R}=\frac{\partial \boldsymbol{R}}{\partial x^i}dx^i=\boldsymbol{e}_i dx^i \tag{2-1-9}$$

将矢径对坐标的偏导数定义为协变基矢量 $\boldsymbol{e}_i$，也称为自然基矢量，即

$$\boldsymbol{e}_i=\frac{\partial \boldsymbol{R}}{\partial x^i} \tag{2-1-10}$$

协变基矢量的方向沿坐标线正方向，大小等于当坐标 x^i 有 1 单位增量时两点之间的距离。

一组与协变基矢量 $\boldsymbol{e}_i$ 一起满足式(2-1-11)条件的矢量称为逆变基矢量 $\boldsymbol{e}^j$，如图 2-3 所示。

$$\boldsymbol{e}_i\cdot\boldsymbol{e}^j=\delta_i^j\quad(i,j=1,2,3) \tag{2-1-11}$$

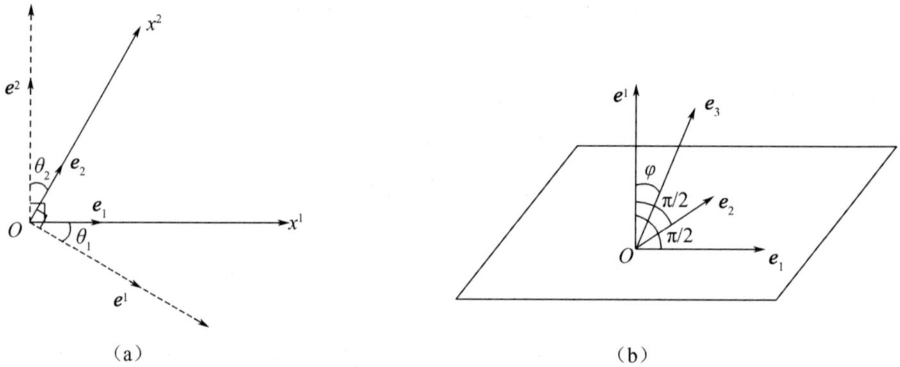

图 2-3　逆变基矢量与协变基矢量的几何关系

当 $i\neq j$ 时，$\boldsymbol{e}^j$ 与另两个协变基矢量 $\boldsymbol{e}_i$ 是正交的；当 $i=j$ 时，$\boldsymbol{e}_i\cdot\boldsymbol{e}^j=|\boldsymbol{e}_i||\boldsymbol{e}^j|\cos\theta_i=1$（$\theta_i$ 为 $\boldsymbol{e}_i$ 与 $\boldsymbol{e}^j$ 的夹角）。$\boldsymbol{e}^j$ 的模为

$$|\boldsymbol{e}^j|=\frac{1}{|\boldsymbol{e}_i|\cos\theta_j} \tag{2-1-12}$$

由于 $\cos\theta_i=1/(|\boldsymbol{e}_i||\boldsymbol{e}^j|)>0$，所以 θ_i 为锐角。因为在斜角直线坐标系中，θ_i 不全为 0，所以 $\boldsymbol{e}_i$ 与 $\boldsymbol{e}^j$ 不可能都为单位矢量。若取 $|\boldsymbol{e}_i|=1$，则 $|\boldsymbol{e}^j|=1/\cos\theta_i$。在直角坐标系中，因为 $\theta_i=0°$，所以 $\boldsymbol{e}_i$ 与 $\boldsymbol{e}^j(i=j)$ 同向。若取 $|\boldsymbol{e}_i|=1$，则 $\boldsymbol{e}_i=\boldsymbol{e}^i=\boldsymbol{i}_i$。

由逆变基矢量的定义可知，$\boldsymbol{e}^1$ 正交于 $\boldsymbol{e}_2$ 和 $\boldsymbol{e}_3$，则

$$\begin{cases}\boldsymbol{e}^1=m(\boldsymbol{e}_2\times\boldsymbol{e}_3)\\ \boldsymbol{e}^1\cdot\boldsymbol{e}_1=\boldsymbol{e}_1\cdot m(\boldsymbol{e}_2\times\boldsymbol{e}_3)\end{cases} \tag{2-1-13}$$

所以可以得到

$$m=\frac{1}{\boldsymbol{e}_1\cdot(\boldsymbol{e}_2\times\boldsymbol{e}_3)}=\frac{1}{V} \tag{2-1-14}$$

式中，$V=\boldsymbol{e}_1\cdot\boldsymbol{e}_2\times\boldsymbol{e}_3$，将式(2-1-14)代入式(2-1-13)，得

$$\boldsymbol{e}^1=\frac{\boldsymbol{e}_2\times\boldsymbol{e}_3}{V} \tag{2-1-15}$$

同理可证

$$\boldsymbol{e}^2=\frac{\boldsymbol{e}_3\times\boldsymbol{e}_1}{V},\boldsymbol{e}^3=\frac{\boldsymbol{e}_1\times\boldsymbol{e}_2}{V} \tag{2-1-16}$$

最后可以统一写成

$$e_{ijk}\boldsymbol{e}^i=\frac{\boldsymbol{e}_j\times\boldsymbol{e}_k}{V} \tag{2-1-17}$$

同理,$\boldsymbol{e}_i$ 也可以用 $\boldsymbol{e}^j$ 来表示,即

$$e^{ijk}\boldsymbol{e}_i=\frac{\boldsymbol{e}^j\times\boldsymbol{e}^k}{V'} \tag{2-1-18}$$

式中,$V'=\boldsymbol{e}^1\cdot\boldsymbol{e}^2\times\boldsymbol{e}^3$,容易证明:

$$VV'=1\quad 或\quad V'=\frac{1}{V} \tag{2-1-19}$$

式(2-1-19)表明:

(1)V 与 V'同号,即一组基底 $\boldsymbol{e}_i$ 与 $\boldsymbol{e}^j$ 同为右手系或左手系。

(2)V(或 V')不能为 0,即 $\boldsymbol{e}_1$、$\boldsymbol{e}_2$、$\boldsymbol{e}_3$(或 $\boldsymbol{e}^1$、$\boldsymbol{e}^2$、$\boldsymbol{e}^3$)不能共面。

例 1 设 $\boldsymbol{e}_1=\boldsymbol{i}_1+\boldsymbol{i}_2$、$\boldsymbol{e}_2=-\boldsymbol{i}_1+2\boldsymbol{i}_2+\boldsymbol{i}_3$、$\boldsymbol{e}_3=2\boldsymbol{i}_1-2\boldsymbol{i}_2+\boldsymbol{i}_3$,求 $\boldsymbol{e}^i$。

解

$$V=\boldsymbol{e}_1\cdot\boldsymbol{e}_2\times\boldsymbol{e}_3=\begin{vmatrix}1&-1&0\\-1&2&1\\2&-2&0\end{vmatrix}=1$$

$$\boldsymbol{e}^1=\frac{\boldsymbol{e}_2\times\boldsymbol{e}_3}{V}=1\times\begin{vmatrix}\boldsymbol{i}_1&\boldsymbol{i}_2&\boldsymbol{i}_3\\-1&2&1\\2&-2&1\end{vmatrix}=4\boldsymbol{i}_1+3\boldsymbol{i}_2-2\boldsymbol{i}_3$$

$$\boldsymbol{e}^2=\frac{\boldsymbol{e}_3\times\boldsymbol{e}_1}{V}=1\times\begin{vmatrix}\boldsymbol{i}_1&\boldsymbol{i}_2&\boldsymbol{i}_3\\2&-2&1\\1&-1&0\end{vmatrix}=\boldsymbol{i}_1+\boldsymbol{i}_2+\boldsymbol{i}_3$$

$$\boldsymbol{e}^3=\frac{\boldsymbol{e}_1\times\boldsymbol{e}_2}{V}=\begin{vmatrix}\boldsymbol{i}_1&\boldsymbol{i}_2&\boldsymbol{i}_3\\1&-1&0\\-1&2&1\end{vmatrix}=-\boldsymbol{i}_1-\boldsymbol{i}_2+\boldsymbol{i}_3$$

例 2 设平面基矢量 $\boldsymbol{e}_1=2\boldsymbol{i}_1+\boldsymbol{i}_2$、$\boldsymbol{e}_2=2\boldsymbol{i}_1+3\boldsymbol{i}_2$,求 $\boldsymbol{e}^\alpha(\alpha=1,2)$。

解 对于平面域,定义 $\boldsymbol{e}_i\cdot\boldsymbol{e}^j=\delta_i^j$ 依然成立。

设

$$\boldsymbol{e}^1=a\boldsymbol{i}_1+b\boldsymbol{i}_2,\boldsymbol{e}^2=c\boldsymbol{i}_1+d\boldsymbol{i}_2$$
$$\boldsymbol{e}_1\cdot\boldsymbol{e}^1=1,\boldsymbol{e}_2\cdot\boldsymbol{e}^1=0$$

可得

$$\begin{cases}(2\boldsymbol{i}_1+\boldsymbol{i}_2)(a\boldsymbol{i}_1+b\boldsymbol{i}_2)=1\\(2\boldsymbol{i}_1+3\boldsymbol{i}_2)(a\boldsymbol{i}_1+b\boldsymbol{i}_2)=0\end{cases}$$

$$\begin{cases}2a+b=1\\2a+3b=0\end{cases}$$

由此解出

$$a=\frac{3}{4},b=-\frac{1}{2}$$

故

$$e^1=\frac{3}{4}i_1-\frac{1}{2}i_2$$

类似地，由

$$e_1\cdot e^2=0,e_2\cdot e^2=1$$

可得

$$e^2=-\frac{1}{4}i_1+\frac{1}{2}i_2$$

2.2　斜角直线坐标系的变换

2.2.1　坐标变换

矢量 $\boldsymbol{R}$ 在不同的坐标系下有不同的表示，这里设有两个坐标系：一个是以 $\boldsymbol{e}_i$ 为基底的坐标系 x^i，另一个是以 $\boldsymbol{e}_{i'}$ 为基底的坐标系 $x^{i'}$，则对于两个坐标系有

$$\boldsymbol{R}=x^j\boldsymbol{e}_j,\boldsymbol{R}=x^{k'}\boldsymbol{e}_{k'} \tag{2-2-1}$$

可以得到

$$x^j\boldsymbol{e}_j=x^{k'}\boldsymbol{e}_{k'} \tag{2-2-2}$$

由式(2-2-2)可得

$$\boldsymbol{e}^{i'}\cdot x^{k'}\boldsymbol{e}_{k'}=\boldsymbol{e}^{i'}\cdot x^j\boldsymbol{e}_j$$

$$\delta^{i'}_{k'}x^{k'}=(\boldsymbol{e}^{i'}\cdot\boldsymbol{e}_j)x^j \tag{2-2-3}$$

故

$$x^{i'}=\beta^{i'}_j x^j \tag{2-2-4}$$

同理可得

$$x^i=\beta^i_{j'}x^{j'}(\beta^i_{j'}=\boldsymbol{e}^i\cdot\boldsymbol{e}_{j'}) \tag{2-2-5}$$

容易得到两个坐标系的相互变换关系式：

$$\begin{cases}\boldsymbol{e}_{i'}=\beta^j_{i'}\boldsymbol{e}_j,\boldsymbol{e}^{i'}=\beta^{i'}_j\boldsymbol{e}^j\\ \boldsymbol{e}^j=\beta^j_{i'}\boldsymbol{e}^{i'},\boldsymbol{e}_j=\beta^{i'}_j\boldsymbol{e}_{i'}\end{cases} \tag{2-2-6}$$

式中，$\beta^j_{i'}$ 称为协变转换系数；$\beta^{i'}_j$ 称为逆变转换系数。

例 1　设坐标系 x^i 和 $x^{i'}$ 的基矢量分别为

$$\boldsymbol{e}_1=\boldsymbol{i}_1+2\boldsymbol{i}_2,\ \boldsymbol{e}_2=\boldsymbol{i}_1+2\boldsymbol{i}_2+\boldsymbol{i}_3,\ \boldsymbol{e}_3=-\boldsymbol{i}_2+\boldsymbol{i}_3$$

$$\boldsymbol{e}_{1'}=\boldsymbol{i}_1+\boldsymbol{i}_2,\ \boldsymbol{e}_{2'}=\boldsymbol{i}_2+2\boldsymbol{i}_3,\ \boldsymbol{e}_{3'}=2\boldsymbol{i}_1+\boldsymbol{i}_2-\boldsymbol{i}_3$$

求坐标系 x^i 和 $x^{i'}$ 之间的变换关系。

解

混合积为

$$V=\boldsymbol{e}_1\cdot\boldsymbol{e}_2\times\boldsymbol{e}_3=1,$$

因为

$$e_{ijk}\boldsymbol{e}^i=\frac{\boldsymbol{e}_j\times\boldsymbol{e}_k}{V}$$

可以得到

$$\begin{cases} \boldsymbol{e}^{1'}=\dfrac{\boldsymbol{e}_{2'}\times\boldsymbol{e}_{3'}}{V}=-3\boldsymbol{i}_1+4\boldsymbol{i}_2-2\boldsymbol{i}_3 \\ \boldsymbol{e}^{2'}=\dfrac{\boldsymbol{e}_{3'}\times\boldsymbol{e}_{1'}}{V}=\boldsymbol{i}_1-\boldsymbol{i}_2+\boldsymbol{i}_3 \\ \boldsymbol{e}^{3'}=\dfrac{\boldsymbol{e}_{1'}\times\boldsymbol{e}_{2'}}{V}=2\boldsymbol{i}_1-2\boldsymbol{i}_2+\boldsymbol{i}_3 \end{cases}$$

又因为 $\beta^i_{j'}=\boldsymbol{e}^i\cdot\boldsymbol{e}_{j'}$，可以得到

$$\begin{cases} \boldsymbol{e}^{1}=\dfrac{\boldsymbol{e}_{2}\times\boldsymbol{e}_{3}}{V}=3\boldsymbol{i}_1-\boldsymbol{i}_2-\boldsymbol{i}_3 \\ \boldsymbol{e}^{2}=\dfrac{\boldsymbol{e}_{3}\times\boldsymbol{e}_{1}}{V}=-2\boldsymbol{i}_1+\boldsymbol{i}_2+\boldsymbol{i}_3 \\ \boldsymbol{e}^{3}=\dfrac{\boldsymbol{e}_{1}\times\boldsymbol{e}_{2}}{V}=2\boldsymbol{i}_1-\boldsymbol{i}_2 \end{cases}$$

$$\beta^1_{1'}=\boldsymbol{e}^1\cdot\boldsymbol{e}_{1'}=2,\beta^1_{2'}=\boldsymbol{e}^1\cdot\boldsymbol{e}_{2'}=-3,\beta^1_{3'}=\boldsymbol{e}^1\cdot\boldsymbol{e}_{3'}=6$$
$$\beta^2_{1'}=\boldsymbol{e}^2\cdot\boldsymbol{e}_{1'}=-1,\beta^2_{2'}=\boldsymbol{e}^2\cdot\boldsymbol{e}_{2'}=3,\beta^2_{3'}=\boldsymbol{e}^2\cdot\boldsymbol{e}_{3'}=-4$$
$$\beta^3_{1'}=\boldsymbol{e}^3\cdot\boldsymbol{e}_{1'}=1,\beta^3_{2'}=\boldsymbol{e}^3\cdot\boldsymbol{e}_{2'}=-1,\beta^3_{3'}=\boldsymbol{e}^3\cdot\boldsymbol{e}_{3'}=3$$

即

$$(\beta^i_{j'})=\begin{pmatrix} 2 & -3 & 6 \\ -1 & 3 & -4 \\ 1 & -1 & 3 \end{pmatrix}$$

同理

$$(\beta^{i'}_{j})=\begin{pmatrix} 5 & 3 & -6 \\ -1 & 0 & 2 \\ -2 & -1 & 3 \end{pmatrix}$$

故

$$\begin{cases} x^{1'}=\beta^{1'}_j x^j=5x^1+3x^2-6x^3 \\ x^{2'}=\beta^{2'}_j x^j=-x^1+2x^3 \\ x^{3'}=\beta^{3'}_j x^j=-2x^1-x^2+3x^3 \end{cases},\begin{cases} x^{1}=\beta^{1}_{j'} x^{j'}=2x^{1'}-3x^{2'}-6x^{3'} \\ x^{2}=\beta^{2}_{j'} x^{j'}=-x^{1'}+3x^{2'}+4x^{3'} \\ x^{3}=\beta^{3}_{j'} x^{j'}=x^{1'}-x^{2'}+3x^{3'} \end{cases}$$

2.2.2 协变转换系数、逆变转换系数

由式(2-2-6)中坐标之间的关系和自然基矢量的定义式 $\boldsymbol{e}_i=\dfrac{\partial\boldsymbol{R}}{\partial x^i}$ 可以得到协变转换系数与逆变转换系数。

$$\boldsymbol{e}_{i'}=\frac{\partial\boldsymbol{R}}{\partial x^{i'}}=\frac{\partial\boldsymbol{R}}{\partial x^j}\frac{\partial x^j}{\partial x^{i'}}=\frac{\partial x^j}{\partial x^{i'}}\boldsymbol{e}_j\quad(i'=1,2,3)\tag{2-2-7}$$

由式(2-2-6)中的 $\boldsymbol{e}_{i'}=\beta^j_{i'}\boldsymbol{e}_j$ 可得

$$\beta^j_{i'}=\frac{\partial x^j}{\partial x^{i'}}\quad(i',j=1,2,3)\tag{2-2-8}$$

同理可得

$$\beta_{j}^{i'}=\frac{\partial x^{i'}}{\partial x^{j}}\quad (i',j=1,2,3) \tag{2-2-9}$$

换言之，协变转换系数与逆变转换系数排列成雅可比矩阵。

协变转换系数、逆变转换系数各有 9 个，可组成 3×3 矩阵。变换系数 $\beta_{i'}^{j}$ 的矩阵表达式为

$$\boldsymbol{\beta}_{*}=(\beta_{i'}^{j})=\begin{Bmatrix}\beta_{1'}^{1} & \beta_{2'}^{1} & \beta_{3'}^{1}\\ \beta_{1'}^{2} & \beta_{2'}^{2} & \beta_{3'}^{2}\\ \beta_{1'}^{3} & \beta_{2'}^{3} & \beta_{3'}^{3}\end{Bmatrix} \tag{2-2-10}$$

代入 $\boldsymbol{e}_{i'}=\beta_{i'}^{j}\boldsymbol{e}_{j}$、$\boldsymbol{e}^{i'}=\beta_{j}^{i'}\boldsymbol{e}^{j}$，式中

$$\begin{cases}\boldsymbol{e}_{1'}=\beta_{1'}^{1}\boldsymbol{e}_{1}+\beta_{1'}^{2}\boldsymbol{e}_{2}+\beta_{1'}^{3}\boldsymbol{e}_{3}\\ \boldsymbol{e}_{2'}=\beta_{2'}^{1}\boldsymbol{e}_{1}+\beta_{2'}^{2}\boldsymbol{e}_{2}+\beta_{2'}^{3}\boldsymbol{e}_{3}\\ \boldsymbol{e}_{3'}=\beta_{3'}^{1}\boldsymbol{e}_{1}+\beta_{3'}^{2}\boldsymbol{e}_{2}+\beta_{3'}^{3}\boldsymbol{e}_{3}\end{cases} \tag{2-2-11a}$$

$$\begin{cases}\boldsymbol{e}^{1'}=\beta_{1}^{1'}\boldsymbol{e}^{1}+\beta_{2}^{1'}\boldsymbol{e}^{2}+\beta_{3}^{1'}\boldsymbol{e}^{3}\\ \boldsymbol{e}^{2'}=\beta_{1}^{2'}\boldsymbol{e}^{1}+\beta_{2}^{2'}\boldsymbol{e}^{2}+\beta_{3}^{2'}\boldsymbol{e}^{3}\\ \boldsymbol{e}^{3'}=\beta_{1}^{3'}\boldsymbol{e}^{1}+\beta_{2}^{3'}\boldsymbol{e}^{2}+\beta_{3}^{3'}\boldsymbol{e}^{3}\end{cases} \tag{2-2-11b}$$

故在矩阵(2-2-10)中，第 i' 列元素 $[\beta_{i'}^{1}\quad \beta_{i'}^{2}\quad \beta_{i'}^{3}]^{\mathrm{T}}$ 为 $\boldsymbol{e}_{i'}$ 沿着 $\boldsymbol{e}_{j}$ 方向的分量，而第 j 行元素 $[\beta_{1'}^{j}\quad \beta_{2'}^{j}\quad \beta_{3'}^{j}]$ 为 $\boldsymbol{e}^{j}$ 沿着 $\boldsymbol{e}^{i'}$ 方向的分量。

逆变转换系数 $\beta_{i}^{j'}$ 的矩阵表达式也有这样的规律：

$$\boldsymbol{\beta}^{*}=(\beta_{i}^{j'})=\begin{Bmatrix}\beta_{1}^{1'} & \beta_{2}^{1'} & \beta_{3}^{1'}\\ \beta_{1}^{2'} & \beta_{2}^{2'} & \beta_{3}^{2'}\\ \beta_{1}^{3'} & \beta_{2}^{3'} & \beta_{3}^{3'}\end{Bmatrix} \tag{2-2-12}$$

代入 $\boldsymbol{e}_{i}=\beta_{i}^{j'}\boldsymbol{e}_{j'}$、$\boldsymbol{e}^{j'}=\beta_{i}^{j'}\boldsymbol{e}^{i}$ 可知，第 i 列元素 $[\beta_{i}^{1'}\quad \beta_{i}^{2'}\quad \beta_{i}^{3'}]^{\mathrm{T}}$ 为 $\boldsymbol{e}_{i}$ 沿着 $\boldsymbol{e}_{j'}$ 方向的分量，而第 j' 行元素 $[\beta_{1}^{j'}\quad \beta_{2}^{j'}\quad \beta_{3}^{j'}]$ 为 $\boldsymbol{e}^{j'}$ 沿着 $\boldsymbol{e}^{i}$ 方向的分量。

对于上面的公式，我们可以用矩阵的形式表达以便理解，对于式(2-2-11a)及式(2-2-11b)，其矩阵表达式分别为

$$\{\boldsymbol{e}_{i'}\}=(\beta_{i'}^{j})^{\mathrm{T}}\{\boldsymbol{e}_{j}\}\quad 或\quad \boldsymbol{E}_{*'}=\boldsymbol{\beta}_{*}^{\mathrm{T}}\boldsymbol{E}_{*} \tag{2-2-13a}$$

$$\{\boldsymbol{e}^{i}\}=(\beta_{j'}^{i})\{\boldsymbol{e}^{j'}\}\quad 或\quad \boldsymbol{E}^{*}=\boldsymbol{\beta}_{*}\boldsymbol{E}^{*'} \tag{2-2-13b}$$

类似地，可得

$$\{\boldsymbol{e}_{i}\}=(\beta_{i}^{j'})^{\mathrm{T}}\{\boldsymbol{e}_{j'}\}\quad 或\quad \boldsymbol{E}_{*}=\boldsymbol{\beta}^{*\mathrm{T}}\boldsymbol{E}_{*'} \tag{2-2-14a}$$

$$\{\boldsymbol{e}^{i'}\}=(\beta_{j}^{i'})\{\boldsymbol{e}^{j}\}\quad 或\quad \boldsymbol{E}^{*'}=\boldsymbol{\beta}^{*}\boldsymbol{E}^{*} \tag{2-2-14b}$$

式(2-2-4)和式(2-2-5)的矩阵表达式分别为

$$\{x^{i'}\}=(\beta_{j}^{i'})\{x^{j}\}\quad 或\quad \boldsymbol{X}^{*'}=\boldsymbol{\beta}^{*}\boldsymbol{X}^{*} \tag{2-2-15a}$$

$$\{x^{i}\}=(\beta_{j'}^{i})\{x^{j'}\}\quad 或\quad \boldsymbol{X}^{*}=\boldsymbol{\beta}_{*}\boldsymbol{X}^{*'} \tag{2-2-15b}$$

本章中出现的$\boldsymbol{E}_*$、$\boldsymbol{E}_{*'}$、$\boldsymbol{E}^*$、$\boldsymbol{E}^{*'}$和$\boldsymbol{X}^*$、$\boldsymbol{X}^{*'}$分别表示矩阵$\{\boldsymbol{e}_i\}$、$\{\boldsymbol{e}_{i'}\}$、$\{\boldsymbol{e}^i\}$、$\{\boldsymbol{e}^{i'}\}$和$\{x^i\}$、$\{x^{i'}\}$。

协变基矢量与逆变基矢量必须满足对偶条件：

$$\delta^i_j=\boldsymbol{e}^i\cdot\boldsymbol{e}_j=\beta^i_{p'}\boldsymbol{e}^{p'}\cdot\beta^{q'}_j\boldsymbol{e}_{q'}=\beta^i_{p'}\beta^{q'}_j\delta^{p'}_{q'}=\beta^i_{p'}\beta^{p'}_j \tag{2-2-16a}$$

$$\delta^{j'}_{i'}=\boldsymbol{e}_{i'}\cdot\boldsymbol{e}^{j'}=\beta^k_{i'}\boldsymbol{e}_k\cdot\beta^{j'}_l\boldsymbol{e}^l=\beta^k_{i'}\beta^{j'}_l\delta^l_k=\beta^k_{i'}\beta^{j'}_k \tag{2-2-16b}$$

式(2-2-16a)、式(2-2-16b)表示协变转换系数、逆变转换系数组成的矩阵互逆。

2.2.3 矢量的逆变分量和协变分量

任一矢量$\boldsymbol{A}$在斜角直线坐标系中，都可以用协变基矢量$\boldsymbol{e}_i$表示，也可以通过逆变基矢量$\boldsymbol{e}^i$来表示，即

$$\boldsymbol{A}=A^i\boldsymbol{e}_i=A^1\boldsymbol{e}_1+A^2\boldsymbol{e}_2+A^3\boldsymbol{e}_3 \tag{2-2-17a}$$

$$\boldsymbol{A}=A_i\boldsymbol{e}^i=A_1\boldsymbol{e}^1+A_2\boldsymbol{e}^2+A_3\boldsymbol{e}^3 \tag{2-2-17b}$$

式中，A^i和A_i分别表示矢量$\boldsymbol{A}$对于$\boldsymbol{e}_i$和$\boldsymbol{e}^i$的分量。$A^i\boldsymbol{e}_i$和$A_i\boldsymbol{e}^i$分别按平行四边形法则合成矢量$\boldsymbol{A}$。在一般情况下，$\boldsymbol{e}_i$(或$\boldsymbol{e}^i$)不是单位矢量，矢量$\boldsymbol{A}$的分量A^i(或A_i)通常不代表$\boldsymbol{A}$的分矢量的大小。

将(2-2-17a)第一个等号两边点乘$\boldsymbol{e}^j$得

$$\boldsymbol{A}\cdot\boldsymbol{e}^j=A^i\boldsymbol{e}_i\cdot\boldsymbol{e}^j=A^j \tag{2-2-18}$$

即

$$A^i=\boldsymbol{A}\cdot\boldsymbol{e}^i \tag{2-2-19}$$

类似地，可得

$$A_i=\boldsymbol{A}\cdot\boldsymbol{e}_i \tag{2-2-20}$$

上述式中，A_i和A^i分别称为矢量$\boldsymbol{A}$的协变分量和逆变分量。

根据式(2-2-4)，可以得到

$$A^{i'}=\beta^{i'}_jA^j,\ A^i=\beta^i_{j'}A^{j'} \tag{2-2-21}$$

类似地，可得

$$A_{i'}=\beta^j_{i'}A_j,A_i=\beta^{j'}_iA_{j'} \tag{2-2-22}$$

此时将式(2-2-6)重新写在下方，结合式(2-2-21)和式(2-2-22)对比基矢量的变换关系。

$$\begin{cases}\boldsymbol{e}_{i'}=\beta^j_{i'}\boldsymbol{e}_j,\boldsymbol{e}^{i'}=\beta^{i'}_j\boldsymbol{e}^j\\ \boldsymbol{e}^j=\beta^j_{i'}\boldsymbol{e}^{i'},\boldsymbol{e}_j=\beta^{i'}_j\boldsymbol{e}_{i'}\end{cases}$$

从对比中可以看出，$A_{i'}$和A_i之间的变换关系同基矢量$\boldsymbol{e}_{i'}$和$\boldsymbol{e}_i$的变换关系是一致的，因此，把$A_{i'}$和A_i称为矢量$\boldsymbol{A}$的协变分量；$A^{i'}$和A^i之间的变换关系同基矢量$\boldsymbol{e}_{i'}$和$\boldsymbol{e}_i$的变换关系正好相反，因此，把$A^{i'}$和A^i称为矢量$\boldsymbol{A}$的逆变分量。

例2 设$\boldsymbol{e}_1=\boldsymbol{e}^1=\boldsymbol{i}_1$、$\boldsymbol{e}_2=\boldsymbol{e}^2=\boldsymbol{i}_2$、$\boldsymbol{e}_3=\boldsymbol{e}^3=\boldsymbol{i}_3$，$\boldsymbol{e}_{1'}=\boldsymbol{i}_1+\boldsymbol{i}_2$、$\boldsymbol{e}_{2'}=\boldsymbol{i}_2-\boldsymbol{i}_3$、$\boldsymbol{e}_{3'}=\boldsymbol{i}_1+2\boldsymbol{i}_3$。求矢量$\boldsymbol{A}=2\boldsymbol{i}_1+\boldsymbol{i}_2-3\boldsymbol{i}_3$在坐标系$x^{i'}$中的协变分量和逆变分量。

解

先求协变分量。由$A_i=\boldsymbol{A}\cdot\boldsymbol{e}_i$得

$$\begin{cases}A_{1'}=\boldsymbol{A}\cdot\boldsymbol{e}_{1'}=(2\boldsymbol{i}_1+\boldsymbol{i}_2-3\boldsymbol{i}_3)\cdot(\boldsymbol{i}_1+\boldsymbol{i}_2)=3\\ A_{2'}=\boldsymbol{A}\cdot\boldsymbol{e}_{2'}=(2\boldsymbol{i}_1+\boldsymbol{i}_2-3\boldsymbol{i}_3)\cdot(\boldsymbol{i}_2-\boldsymbol{i}_3)=4\\ A_{3'}=\boldsymbol{A}\cdot\boldsymbol{e}_{3'}=(2\boldsymbol{i}_1+\boldsymbol{i}_2-3\boldsymbol{i}_3)\cdot(\boldsymbol{i}_1+2\boldsymbol{i}_3)=-4\end{cases}$$

故 $\boldsymbol{A}=A_{i'}\boldsymbol{e}^{i'}=3\boldsymbol{e}^{1'}+4\boldsymbol{e}^{2'}-4\boldsymbol{e}^{3'}$。

为了求逆变分量，需要先求出 $\boldsymbol{e}^{i'}$，因为 $V'=\boldsymbol{e}_{1'}\cdot\boldsymbol{e}_{2'}\times\boldsymbol{e}_{3'}=1$，所以由 $e_{ijk}\boldsymbol{e}^{i}=\dfrac{\boldsymbol{e}_j\times\boldsymbol{e}_k}{V}$ 和 $A^i=\boldsymbol{A}\cdot\boldsymbol{e}^i$ 得

$$\begin{cases}e^{1'}=\dfrac{\boldsymbol{e}_{2'}\times\boldsymbol{e}_{3'}}{V'}=2\boldsymbol{i}_1-\boldsymbol{i}_2-\boldsymbol{i}_3\\ e^{2'}=\dfrac{\boldsymbol{e}_{3'}\times\boldsymbol{e}_{1'}}{V'}=-2\boldsymbol{i}_1+2\boldsymbol{i}_2+\boldsymbol{i}_3\\ e^{3'}=\dfrac{\boldsymbol{e}_{1'}\times\boldsymbol{e}_{2'}}{V'}=-\boldsymbol{i}_1+\boldsymbol{i}_2+\boldsymbol{i}_3\end{cases},\quad\begin{cases}A^{1'}=\boldsymbol{A}\cdot\boldsymbol{e}^{1'}=6\\ A^{2'}=\boldsymbol{A}\cdot\boldsymbol{e}^{2'}=-5\\ A^{3'}=\boldsymbol{A}\cdot\boldsymbol{e}^{3'}=-4\end{cases}$$

故 $\boldsymbol{A}=6\boldsymbol{e}_{1'}-5\boldsymbol{e}_{2'}-4\boldsymbol{e}_{3'}$。

例 3 设 A_i、B_i、A^i、B^i 分别为矢量 $\boldsymbol{A}$ 和 $\boldsymbol{B}$ 的协变分量和逆变分量。试证明：两矢量的点积为数性不变量。

证明

因

$$\boldsymbol{A}=A^i\boldsymbol{e}_i=A_i\boldsymbol{e}^i,\ \boldsymbol{B}=B^i\boldsymbol{e}_j=B_j\boldsymbol{e}^j$$

故

$$\boldsymbol{A}\cdot\boldsymbol{B}=(A^i\boldsymbol{e}_i)\cdot(B_j\boldsymbol{e}^j)=A^iB_j\delta_i^j=A^iB_i$$

$$\boldsymbol{A}\cdot\boldsymbol{B}=(A_i\boldsymbol{e}^i)\cdot(B^i\boldsymbol{e}_j)=A_iB^j\delta_i^j=A_iB^i$$

因

$$A^{i'}=\beta_j^{i'}A^j,\ B_{i'}=\beta_{i'}^kB_k$$

故

$$A^{i'}B_{i'}=(\beta_j^{i'}A^j)(\beta_{i'}^kB_k)=\delta_j^kA^jB_k=A^jB_j=A^iB_i$$

类似地，可以证明

$$A_{i'}B^{i'}=A_iB^i$$

可见 $\boldsymbol{A}\cdot\boldsymbol{B}(\boldsymbol{A}\cdot\boldsymbol{B}=A^iB_i=A_iB^i)$ 为数性不变量。

2.3 度量张量

2.3.1 度量张量的协变分量、逆变分量

在黎曼几何里，度量张量又叫作黎曼度量，在物理学中称为度规张量，是指用来度量空间中距离、面积及角度的二阶张量。那么我们就从这里出发了解“度量张量”的概念。

选定一个局部坐标系 x^i，对于空间中某点 P，其位矢为 $\boldsymbol{R}$，与 P 邻近的另一点 Q 的位矢为 $\boldsymbol{R}+\mathrm{d}\boldsymbol{R}$。$P$ 与 Q 在斜角直线坐标系中的距离如图 2-4 所示，则 P、Q 两点间的位移矢量为

$$\mathrm{d}\boldsymbol{S}=\mathrm{d}\boldsymbol{R} \tag{2-3-1}$$

这两点的距离的平方表示为

$$\|\mathrm{d}\boldsymbol{S}\|^2=\mathrm{d}\boldsymbol{R}\cdot\mathrm{d}\boldsymbol{R} \tag{2-3-2}$$

在斜角直线坐标系中 P、Q 两点坐标为 $P(x^1,x^2,x^3)$ 和 $Q(x^1+\mathrm{d}x^1,x^2+\mathrm{d}x^2,x^3+\mathrm{d}x^3)$，$P$、$Q$

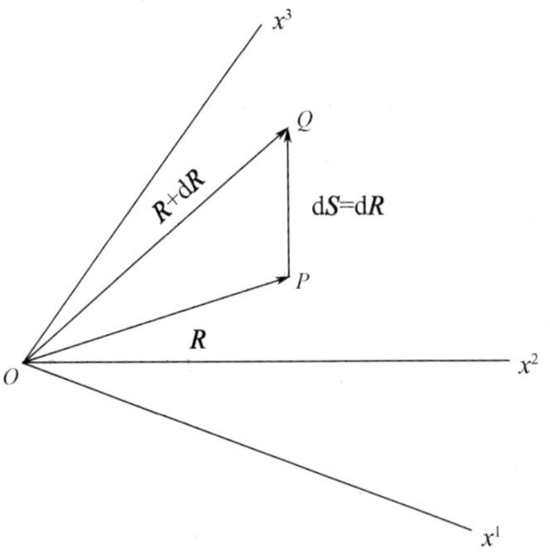

图 2-4 位移矢量

间的距离区别于直角坐标系 $\|\mathrm{d}\boldsymbol{S}\|^2=\mathrm{d}\boldsymbol{R}\cdot\mathrm{d}\boldsymbol{R}=(\mathrm{d}x^i\boldsymbol{i})\cdot(\mathrm{d}x^j\boldsymbol{j})$。

在斜角直线坐标系中

$$\mathrm{d}\boldsymbol{R}=\mathrm{d}(x^i e_i) \tag{2-3-3}$$

将式(2-3-3)代入式(2-3-2),得

$$\begin{aligned}\|\mathrm{d}\boldsymbol{S}\|^2&=\mathrm{d}\boldsymbol{R}\cdot\mathrm{d}\boldsymbol{R}\\&=(\mathrm{d}x^i\boldsymbol{e}_i)\cdot(\mathrm{d}x^j\boldsymbol{e}_j)\\&=\boldsymbol{e}_i\cdot\boldsymbol{e}_j\mathrm{d}x^i\mathrm{d}x^j\\&=g_{ij}\mathrm{d}x^i\mathrm{d}x^j\end{aligned} \tag{2-3-4}$$

所以可以定义度量张量的分量为

$$g_{ij}=\boldsymbol{e}_i\cdot\boldsymbol{e}_j \tag{2-3-5}$$

当坐标变化时

$$g_{i'j'}=\boldsymbol{e}_{i'}\cdot\boldsymbol{e}_{j'}=(\beta^p_{i'}\boldsymbol{e}_p)\cdot(\beta^q_{j'}\boldsymbol{e}_q)=\beta^p_{i'}\beta^q_{j'}g_{pq} \tag{2-3-6}$$

式(2-3-6)表明,g_{ij} 符合张量分量的变化规律,所以 g_{ij} 是某个二阶张量的分量,这个张量称为度量张量。在斜角直线坐标系中,空间中邻近点的距离的平方是 $\mathrm{d}x^i$ 的二次型,其系数就是度量张量的分量 g_{ij}。

由 g_{ij} 的定义可以得到

$$g_{ij}=g_{ji} \tag{2-3-7}$$

$$g_{ij}=\|\boldsymbol{e}_i\|\|\boldsymbol{e}_j\|\cos\theta_{ij} \tag{2-3-8}$$

式中,θ_{ij} 为基矢量 $\boldsymbol{e}_i$ 和 $\boldsymbol{e}_j$ 的夹角;g_{ij} 和 g^{ij} 分别为度量张量的协变分量和逆变分量。对于 g^{ij},以上性质也同样成立。

协变分量与逆变分量的关系为

$$g_{ij}g^{jk}=\delta^k_i \tag{2-3-9}$$

证明如下:

由式(2-2-17b)和式(2-2-20)得

$$\boldsymbol{A}=A_j\boldsymbol{e}^j=(\boldsymbol{A}\cdot\boldsymbol{e}_j)\boldsymbol{e}^j \tag{2-3-10}$$

令 $\boldsymbol{A}=\boldsymbol{e}_i$,得

$$\boldsymbol{e}_i=(\boldsymbol{e}_i\cdot\boldsymbol{e}_j)\boldsymbol{e}^j=g_{ij}\boldsymbol{e}^j \tag{2-3-11}$$

将式(2-3-11)等号两边点乘 $\boldsymbol{e}^k$,得

$$\boldsymbol{e}_i\cdot\boldsymbol{e}^k=g_{ij}\boldsymbol{e}^j\cdot\boldsymbol{e}^k \tag{2-3-12}$$

$$\delta_i^k=g_{ij}g^{jk} \tag{2-3-13}$$

式(2-3-13)的矩阵表达式为

$$(g_{ij})(g^{jk})=\boldsymbol{I} \tag{2-3-14}$$

因 $(g_{ij})(g^{jk})=(g_{ij})(g^{ji})=(g_{ij})(g^{ij})$,故

$$(g_{ij})(g^{ij})=I \tag{2-3-15}$$

可见,(g_{ij}) 与 (g^{ij}) 互为逆阵,即 $(g_{ij})=(g^{ij})^{-1}$。

对于基矢量 $\boldsymbol{e}_i$ 的混合积有 $V=\sqrt{g}$,证明如下:

$$\begin{aligned}V&=\boldsymbol{e}_1\cdot\boldsymbol{e}_2\times\boldsymbol{e}_3\\&=g_{1i}\boldsymbol{e}^i\cdot g_{2j}\boldsymbol{e}^j\times g_{3k}\boldsymbol{e}^k\\&=g_{1i}g_{2j}g_{3k}\boldsymbol{e}^i\cdot\boldsymbol{e}^j\times\boldsymbol{e}^k\end{aligned} \tag{2-3-16}$$

由前文可知 $e^{ijk}\boldsymbol{e}_i=\dfrac{\boldsymbol{e}^j\times\boldsymbol{e}^k}{V'}$,点乘 $\boldsymbol{e}^p$ 得

$$e^{ijk}\delta_i^p=\frac{\boldsymbol{e}^p\cdot\boldsymbol{e}^j\times\boldsymbol{e}^k}{V'} \tag{2-3-17}$$

通过简化可以得到

$$\boldsymbol{e}^i\cdot\boldsymbol{e}^j\times\boldsymbol{e}^k=e^{ijk}V' \tag{2-3-18}$$

故将式(2-3-18)代入式(2-3-16)可以得到

$$V=g_{1i}g_{2j}g_{3k}e^{ijk}V' \tag{2-3-19}$$

$$e^{ijk}g_{i1}g_{j2}g_{k3}=\begin{vmatrix}g_{11}&g_{12}&g_{13}\\g_{21}&g_{22}&g_{23}\\g_{31}&g_{32}&g_{33}\end{vmatrix}=g \tag{2-3-20}$$

将式(2-3-20)代入式(2-3-16)和式(2-3-19)可以得到

$$V=\sqrt{g} \tag{2-3-21}$$

$$V'=\frac{1}{V}=\frac{1}{\sqrt{g}} \tag{2-3-22}$$

例 1 设 $\boldsymbol{e}_1=\boldsymbol{i}_1+\boldsymbol{i}_2$、$\boldsymbol{e}_2=\boldsymbol{i}_2+\boldsymbol{i}_3$、$\boldsymbol{e}_3=\boldsymbol{i}_1+\boldsymbol{i}_3$,求 g_{ij} 和 g^{ij},并验证 $(g_{ij})(g^{ij})=\boldsymbol{I}$

解

$$\begin{cases}g_{11}=\boldsymbol{e}_1\cdot\boldsymbol{e}_1=2,g_{12}=g_{21}=\boldsymbol{e}_1\cdot\boldsymbol{e}_2=1\\g_{22}=\boldsymbol{e}_2\cdot\boldsymbol{e}_2=2,g_{23}=g_{32}=\boldsymbol{e}_2\cdot\boldsymbol{e}_3=1\\g_{33}=\boldsymbol{e}_3\cdot\boldsymbol{e}_3=2,g_{31}=g_{13}=\boldsymbol{e}_1\cdot\boldsymbol{e}_3=1\end{cases}$$

$$V=\boldsymbol{e}_1\cdot\boldsymbol{e}_2\times\boldsymbol{e}_3$$

$$\begin{cases}e^1=\dfrac{e_2\times e_3}{V}=\dfrac{1}{2}(\boldsymbol{i}_1+\boldsymbol{i}_2-\boldsymbol{i}_3)\\[2ex]e^2=\dfrac{e_3\times e_1}{V}=\dfrac{1}{2}(-\boldsymbol{i}_1+\boldsymbol{i}_2+\boldsymbol{i}_3)\\[2ex]e^3=\dfrac{e_1\times e_2}{V}=\dfrac{1}{2}(\boldsymbol{i}_1-\boldsymbol{i}_2+\boldsymbol{i}_3)\end{cases}$$

$$\begin{cases} g^{11}=\boldsymbol{e}^1\cdot\boldsymbol{e}^1=\dfrac{3}{4},g^{12}=\boldsymbol{e}^1\cdot\boldsymbol{e}^2=-\dfrac{1}{4} \\ g^{22}=\boldsymbol{e}^2\cdot\boldsymbol{e}^2=\dfrac{3}{4},g^{23}=\boldsymbol{e}^2\cdot\boldsymbol{e}^3=-\dfrac{1}{4} \\ g^{22}=\boldsymbol{e}^3\cdot\boldsymbol{e}^3=\dfrac{3}{4},g^{13}=\boldsymbol{e}^1\cdot\boldsymbol{e}^3=-\dfrac{1}{4} \end{cases}$$

$$(g_{ij})=\begin{bmatrix}2&1&1\\1&2&1\\1&1&2\end{bmatrix},(g^{ij})=\begin{bmatrix}\dfrac{3}{4}&-\dfrac{1}{4}&-\dfrac{1}{4}\\-\dfrac{1}{4}&\dfrac{3}{4}&-\dfrac{1}{4}\\-\dfrac{1}{4}&-\dfrac{1}{4}&\dfrac{3}{4}\end{bmatrix}$$

$$(g_{ij})(g^{ij})=\begin{bmatrix}1&0&0\\0&1&0\\0&0&1\end{bmatrix}=\boldsymbol{I}$$

例 2 试证明:若基矢量 $\boldsymbol{e}_i$ 互相正交,则 $g_{ii}=\dfrac{1}{g^{ii}}$。

证明

由 $g_{ij}g^{jk}=\delta_i^k$,令 $i=k=1$,则

$$g_{1j}g^{j1}=1$$

即

$$g_{11}g^{11}+g_{12}g^{21}+g_{13}g^{31}=1 \tag{1}$$

因为基矢量 $\boldsymbol{e}_i$ 互相正交,又因为 $g_{ij}=\|\boldsymbol{e}_i\|\|\boldsymbol{e}_j\|\cos\theta_{ij}$,所以式(1)中第二、三项为0。由此得到

$$g_{11}g^{11}=1$$

$$g_{11}=\frac{1}{g^{11}}$$

类似地,可得

$$g_{22}=\frac{1}{g^{22}},g_{33}=\frac{1}{g^{33}}$$

所以,若基矢量 $\boldsymbol{e}_i$ 互相正交,则 $g_{ii}=\dfrac{1}{g^{ii}}$成立。

2.3.2 指标的升降

通过度量张量的分量,可建立矢量的协变分量和逆变分量之间的简单关系。任意一个矢量 $\boldsymbol{A}$ 可进行协变基和逆变基的分解,即

$$\boldsymbol{A}=A^i\boldsymbol{e}_i=A_j\boldsymbol{e}^j \tag{2-3-23}$$

所以得到

$$A^i=\boldsymbol{A}\cdot\boldsymbol{e}^i=A_k\boldsymbol{e}^k\cdot\boldsymbol{e}^i=A_kg^{ki}\quad(i=1,2,3) \tag{2-3-24a}$$

$$A_j=\boldsymbol{A}\cdot\boldsymbol{e}_j=A^k\boldsymbol{e}_k\cdot\boldsymbol{e}_j=A^kg_{kj}\quad(j=1,2,3) \tag{2-3-24b}$$

式(2-3-24)称为矢量分量的指标升降关系,可以升指标的是度量张量的逆变分量 g^{ij},而可以降指标的是度量张量的协变分量 g_{ij}。在直角坐标系中,因为 $g_{ij}=\delta_{ij}$,所以 $A_1=A^1$、$A_2=A^2$、$A_3=A^3$,即协变分量和逆变分量没有区别。

利用指标的升降关系可以表示斜角直线坐标系中两个矢量的点积:

$$\boldsymbol{u}\cdot\boldsymbol{v}=u^iv^jg_{ij}=u_iv_jg^{ij} \tag{2-3-25}$$

例 3 对于基矢量 $\boldsymbol{e}_1=\boldsymbol{i}_1+\boldsymbol{i}_2$、$\boldsymbol{e}_2=\boldsymbol{i}_2+\boldsymbol{i}_3$、$\boldsymbol{e}_3=\boldsymbol{i}_1+\boldsymbol{i}_3$,二阶张量 $\boldsymbol{A}$ 的协变分量为

$$(A_{ij})=\begin{bmatrix}2&0&1\\-1&2&0\\0&2&-1\end{bmatrix}$$

求分量 A^{ij}、A^i_j、A^j_i。

解 对于给定的基底,度量张量 g_{ij} 和 g^{ij} 已在 2.3 例 1 中求出:

$$(g_{ij})=\begin{bmatrix}2&1&1\\1&2&1\\1&1&2\end{bmatrix},(g^{ij})=\begin{bmatrix}\frac{3}{4}&-\frac{1}{4}&-\frac{1}{4}\\-\frac{1}{4}&\frac{3}{4}&-\frac{1}{4}\\-\frac{1}{4}&-\frac{1}{4}&-\frac{1}{4}\end{bmatrix}$$

利用关系式 $A^i_j=g^{im}A_{mj}$,$A^j_i=g^{jn}A_{in}$,$A^{ij}=g^{im}g^{jn}A_{mn}$,可得

$$\begin{aligned}(A^i_j)&=(g^{im})(A_{mj})\\&=\begin{bmatrix}\frac{3}{4}&-\frac{1}{4}&-\frac{1}{4}\\-\frac{1}{4}&\frac{3}{4}&-\frac{1}{4}\\-\frac{1}{4}&-\frac{1}{4}&-\frac{1}{4}\end{bmatrix}\begin{bmatrix}2&0&1\\-1&2&0\\0&2&-1\end{bmatrix}\\&=\begin{bmatrix}\frac{7}{4}&-1&1\\-\frac{5}{4}&1&0\\-\frac{1}{4}&1&0\end{bmatrix}\end{aligned}$$

$$\begin{aligned}(A^j_i)&=(A_{in})(g^{nj})\\&=\begin{bmatrix}2&0&1\\-1&2&0\\0&2&-1\end{bmatrix}\begin{bmatrix}\frac{3}{4}&-\frac{1}{4}&-\frac{1}{4}\\-\frac{1}{4}&\frac{3}{4}&-\frac{1}{4}\\-\frac{1}{4}&-\frac{1}{4}&\frac{3}{4}\end{bmatrix}\end{aligned}$$

$$
=\begin{bmatrix} \frac{5}{4} & -\frac{3}{4} & \frac{1}{4} \\ -\frac{5}{4} & \frac{7}{4} & -\frac{1}{4} \\ -\frac{1}{4} & \frac{7}{4} & -\frac{5}{4} \end{bmatrix}
$$

$$
(A^{ij})=(g^{im})(A_{mn})(g^{nj})
$$

$$
=\begin{bmatrix} \frac{3}{4} & -\frac{1}{4} & -\frac{1}{4} \\ -\frac{1}{4} & \frac{3}{4} & -\frac{1}{4} \\ -\frac{1}{4} & -\frac{1}{4} & \frac{3}{4} \end{bmatrix}\begin{bmatrix} 2 & 0 & 1 \\ -1 & 2 & 0 \\ 0 & 2 & -1 \end{bmatrix}\begin{bmatrix} \frac{3}{4} & -\frac{1}{4} & -\frac{1}{4} \\ -\frac{1}{4} & \frac{3}{4} & -\frac{1}{4} \\ -\frac{1}{4} & -\frac{1}{4} & \frac{3}{4} \end{bmatrix}
$$

$$
=\begin{bmatrix} \frac{21}{16} & -\frac{23}{16} & \frac{9}{16} \\ -\frac{19}{16} & \frac{17}{16} & \frac{1}{16} \\ -\frac{3}{16} & \frac{17}{16} & -\frac{15}{16} \end{bmatrix}
$$

2.4 张量的代数运算

在斜角直线坐标系中，张量的代数性质基本类似于直角坐标系，但也有区别：一是张量的分量有不同类型的结构（协变分量、逆变分量和各种形式的混合分量）；二是指标标记法不同，在斜角直线坐标系中采用上标和下标的方式表达。本节仅对笛卡儿张量相似的运算法则做简单介绍。

2.4.1 基础的张量运算法则

1. 张量的相等

若张量 $\boldsymbol{A}$ 与 $\boldsymbol{B}$ 在同一个坐标系中的逆变（或协变，或某一混变）分量分别对应相等，即 $A^{ij\cdots}=B^{ij\cdots}(i,j,\cdots=1,2,3)$，则这两个张量的其他一切分量均对应相等，且在任意坐标系中的一切分量分别对应相等。等价写法为 $\boldsymbol{A}=\boldsymbol{B}$。

2. 张量的相加

将两个张量在同一坐标系下的逆变（或协变，或某一混变）分量相加，可得到新张量 $\boldsymbol{C}$ 的逆变（或协变，或某一混变）分量，如 $A^{ij\cdots}+B^{ij\cdots}=C^{ij\cdots}(i,j,\cdots=1,2,3)$，且这对于任意坐标系中的任意其他分量均成立，即张量的加法运算是不变的。需要强调的是，求和运算必须在同型张量中进行。等价写法为 $\boldsymbol{A}+\boldsymbol{B}=\boldsymbol{C}$。

3. 标量与张量相乘

任意一个张量在某一个坐标系中的逆变（或协变，或某一混变）分量乘以一个任意标量 k 所得到的一组新数，也是张量的逆变（或协变，或某一混变）分量，即 $kA^{ij\cdots}=B^{ij\cdots}(i,j,\cdots=1,$

2,3),且对于任意坐标系中的一切分量都有该等式成立。标量与张量相乘并不影响原张量的性质。等价写法为 $k\boldsymbol{A}=\boldsymbol{B}$。

4. 张量的并乘(外积)

对于张量 $\boldsymbol{A}$、$\boldsymbol{B}$ 的任意两个分量(逆变或协变,或某一混变分量,并包括任意阶数的张量)有 $A_k^{ij\cdots}B^{lm}=C_k^{ijlm}(i,j,k,l,m=1,2,3)$,此等式对于任意坐标系中任意其他分量均成立。新张量的阶数等于两个并乘张量的阶数之和,即 r 阶张量与 s 阶张量并乘得到的新张量的阶数为 $r+s$。通过这种方式得到的新张量的分量的指标的前后顺序和上下位置都应与并乘张量分量的指标顺序和位置一致,可表示为 $\boldsymbol{AB}=\boldsymbol{C}$。需要注意的是,张量并乘时顺序不能任意调换。

5. 张量的缩并与点积(内积)

张量进行缩并时,可将任意两个基矢量进行点积,如 $A^{ijk}B_{mi}=C_{mi}^{ijk}=D_m^{jk}$ 和 $A_{jk}^{i}B_i^{m}=C_{jki}^{im}=D_{jk}^{m}$。可以看出,张量每一次缩并就消去了 2 个基矢量,整体的阶数就下降 2 阶,即 $r(r\geqslant2)$ 阶张量经过一次缩并,得 $r-2$ 阶张量;经过 m 次缩并,得 $r-2m$ 阶张量。具体从分量的角度来看,每一次缩并就是各一个上、下指标的缩并,把原来的 2 个自由指标化为 1 对哑标,实际上是将原来的 r 阶张量的所有 3^r 个分量中 2 个指标的相同的每 3 个对应的分量相加,得到 1 组 3^{r-2} 个分量。

两个张量先并乘运算后再进行缩并的过程叫点积(内积)。

6. 指标的上升与下降

前文已经说明通过度量张量可以建立矢量的协变分量和逆变分量之间的关系,即 $A_i=g_{ij}A^j$,$A^i=g^{ij}A_j$,也就是说,g_{ij} 和 g^{ij} 分别可以起到降落和提升指标的作用。对于二阶张量的诸分量形式,有下列关系式:

$$A_j^i=g^{im}A_{mj}\tag{2-4-1a}$$

$$A_j^i=g_{im}A^{mj}\tag{2-4-1b}$$

类似地,可得

$$A_{ij}=g_{im}g_{jn}A^{mn}\tag{2-4-2a}$$

$$A^{ij}=g^{im}g^{jn}A_{mn}\tag{2-4-2b}$$

由此可见,对张量分量做指标升降运算,也就是该张量与度量张量的内积运算。显然,指标的升降是可逆的。例如,由式(2-4-2a)和式(2-4-2b)可得

$$\begin{aligned}A_{ij}&=g_{im}g_{jn}A^{mn}\\&=g_{im}g_{jn}(g^{mp}g^{nq}A_{pq})\\&=\delta_i^p\delta_j^qA_{pq}\\&=A_{ij}\end{aligned}\tag{2-4-3}$$

7. 对称张量与反对称张量

设 A_{ij} 和 A_{ji} 分别为二阶张量 $\boldsymbol{A}$ 的协变分量和逆变分量。若 $A_{ij}=A_{ji}$ 或 $A^{ij}=A^{ji}$,则张量 $\boldsymbol{A}$ 为对称张量;若 $A_{ij}=-A_{ji}$ 或 $A^{ij}=-A^{ji}$,则张量 $\boldsymbol{A}$ 为反对称张量。

因 $g_{ij}=\boldsymbol{e}_i\cdot\boldsymbol{e}_j=g_{ji}$,故度量张量为二阶对称张量。

如果一个张量某种类型的分量是对称(反对称)的,则该张量的其他类型的分量也是对称(反对称)的。例如,若 $A_{ij}=A_{ji}$,则必有 $A^{ij}=A^{ji}$、$A_i^j=A_i^j$,因为

$$\begin{aligned}&A_i^j=A_{ik}g^{kj}\\&A_i^j=g^{jk}A_{ki}=g^{ki}A_{ik}=A_i^j\end{aligned}\tag{2-4-4}$$

式中,$\boldsymbol{A}$、$\boldsymbol{g}$ 均为对称阵。$A^{ij}=A^{ji}$ 的证法相同。

需要注意的是,在算式 $A_i^j=A_{ik}g^{kj}$ 中,i 代表行,j 代表列,在矩阵计算时必须要行列对应,前后不能对换,即 A_{ik} 中的 k 代表列,而 g^{kj} 中的 k 代表行。在使用哑标计算时,位置可以对换,但下标不能改变位置。例如

$$A_1^2=A_{1k}g^{k2}=g^{k2}A_{1k} \tag{2-4-5}$$

如果一个张量在某一坐标系中是对称(反对称)的,则该张量在一切坐标系中都是对称(反对称)的。这可以通过张量的定义来证明。

对于二阶对称张量,其混合张量的对称关系为:$A_j^{\cdot i}=A_j^i=A_{\cdot j}^i$(注意 $A_j^i\neq A_i^j$)。

上述关于对称(反对称)张量的定义可推广到 r($r>2$)阶张量。例如,若 $T_k^{ij}=T_j^{ik}$,则称 T_k^{ij} 对于后两个指标对称;若 $T_k^{ij}=-T_j^{ik}$,则称 T_k^{ij} 对于后两个指标反对称。

8. 张量的商法则(商律)

若给定一组数的集合,想要判定其是否具有张量的特性,可通过直接判别法检验其是否服从张量分量的变化规律,也可以通过商律判定方法来判定。

对于一组量 $X_{j_1j_2j_q}^{i_1i_2\cdots i_p}$($p+q=r$),其与另一个任意 s 阶张量 $\boldsymbol{B}$ 的分量的外积(或内积)构成一个相应阶(对于外积为 $r+s$ 阶,对于 m 次缩并的内积为 $r+s-2m$ 阶)的张量,则这些量是 r 阶张量的分量,这就是张量的商律。例如

$$A(i,j,k,l)B^l=C^{ijk}\quad(i,j,k=1,2,3) \tag{2-4-6}$$

可以看出 l 在其中为哑标,式(2-4-6)等号左边进行了一次缩并,所以依照式(2-4-6)可以得到一个三阶张量的分量,并且这里的 $A(i,j,k,l)$ 一定是四阶张量的分量。

2.4.2　置换张量

置换符号的定义为

$$\left.\begin{matrix}e_{ijk}\\e^{ijk}\end{matrix}\right\}=\begin{cases}1 & (i、j、k\text{ 顺序排列})\\-1 & (i、j、k\text{ 逆序排列})\\0 & (i、j、k\text{ 中有相同的指标值})\end{cases} \tag{2-4-7}$$

其在直角坐标系中的定义为 $\boldsymbol{e}_{ijk}=\boldsymbol{i}_i\cdot\boldsymbol{i}_j\times\boldsymbol{i}_k$,表示的是直角坐标系中单位基矢量的混合基(此处 $\boldsymbol{i}_i\cdot\boldsymbol{i}_j\times\boldsymbol{i}_k$ 为构成右手系的单位基矢量),现在考虑斜角直线坐标系中的基矢量混合积,令

$$\in_{ijk}=\boldsymbol{e}_i\cdot\boldsymbol{e}_j\times\boldsymbol{e}_k \tag{2-4-8}$$

可以得到

$$\boldsymbol{e}_i\cdot\boldsymbol{e}_j\times\boldsymbol{e}_k=e_{ijk}(\boldsymbol{e}_1\cdot\boldsymbol{e}_2\times\boldsymbol{e}_3)=e_{ijk}V \tag{2-4-9}$$

所以最终可以写成

$$\in_{ijk}=e_{ijk}V \tag{2-4-10}$$

对于以 $\boldsymbol{e}^i$ 为基底的张量则可以得到

$$\in^{ijk}=e^{ijk}V' \tag{2-4-11}$$

由前文中 $V'=\dfrac{1}{V}=\dfrac{1}{\sqrt{g}}$可以得到

$$\in^{ijk}=e^{ijk}\frac{1}{\sqrt{g}} \tag{2-4-12}$$

这里再对 g 进行一些简单说明:g 是与坐标系有关的数,在曲线坐标系中,每一空间点

位处对应一个值,所以当坐标系变化时,它也随之变化。下面对这一变化举例进行说明。设有两个坐标系,在旧坐标系中这个数为 g,在新坐标系中这个数为 g',则新、旧坐标系之间的转换关系如下:

$$\begin{aligned} g' &= \det(g_{k'l'}) \\ &= \det(\beta^i_{k'} g_{ij} \beta^j_{l'}) \\ &= \det(\beta^i_{k'})\det(g_{ij})\det(\beta^j_{l'}) \end{aligned} \tag{2-4-13}$$

这里设 $\Delta = \det(\beta^i_{k'}) = \det(\beta^j_{l'})$,则有

$$\sqrt{g'} = \pm\,\Delta\sqrt{g} \tag{2-4-14}$$

式(2-4-14)中正、负号的选取和新坐标系的选取有关,当新坐标系也与旧坐标系一样选取右手系时,符号取正号;当新坐标系选取左手系,与旧坐标系相反时,符号选取负号。这里要特别注意的是,$\sqrt{g}$ 并不是一个标量,Δ 表示协变转换系数矩阵的行列式的值,只有当空间点处新、旧坐标系之间只差一个刚性转动时,$\Delta = 1$,才有 $\sqrt{g'} = \Delta\sqrt{g}$。所以,$\sqrt{g}$ 不是标量。

置换张量的协变分量、逆变分量分别可以具体描述为:

$$\in_{ijk} = \begin{cases} \sqrt{g} & (i、j、k\text{ 顺序排列}) \\ -\sqrt{g} & (i、j、k\text{ 逆序排列}) \\ 0 & (i、j、k\text{ 中有相同的指标值}) \end{cases} \tag{2-4-15}$$

$$\in^{ijk} = \begin{cases} \dfrac{1}{\sqrt{g}} & (i、j、k\text{ 顺序排列}) \\ -\dfrac{1}{\sqrt{g}} & (i、j、k\text{ 逆序排列}) \\ 0 & (i、j、k\text{ 中有相同的指标值}) \end{cases} \tag{2-4-16}$$

需要注意的是,在直角坐标系中,$\in_{ijk} = \in^{ijk} = e^{ijk} = e_{ijk}$,置换张量与置换符号没有区别。在直角坐标系中,置换符号 e_{ijk} 具有张量特性,然而在非直角坐标系中,e_{ijk} 不再具有张量特性,仅是一个符号。

对于置换张量来说,其对于任意两个指标都是反对称的,即如果将置换张量分量中 3 个指标中的任意两个互换位置,则其值变号。

置换张量可以用来表示基矢量的矢积,对于这一点下面给出证明:

$$\begin{aligned} \boldsymbol{e}_i \times \boldsymbol{e}_j \cdot \boldsymbol{e}_k &= \in_{ijk} \\ &= \in_{ijl}\delta^l_k \\ &= \in_{ijl}\boldsymbol{e}^l \cdot \boldsymbol{e}_k \end{aligned} \tag{2-4-17}$$

由式(2-4-17)可以得到

$$\boldsymbol{e}_i \times \boldsymbol{e}_j = \in_{ijl}\boldsymbol{e}^l \quad (i,j,l = 1,2,3) \tag{2-4-18}$$

所以任意矢量的矢积都可以用置换张量及其对偶矢量表示。

2.5　张量场的梯度、散度、旋度

2.5.1　张量场

标量场或矢量场由给定区域的点组成，并且在每一点上有该标量或矢量的对应值。例如，一个连续体内的温度分布 $T(x_1,x_2,x_3)$ 是标量场（通常称为温度场）；一个流场中的速度分布 $\boldsymbol{v}(x_1,x_2,x_3)$ 是矢量场（通常称为速度场）。张量场是一个非常一般化的几何变量的概念。它被用在微分几何和流形的理论、代数几何、广义相对论、材料的应力和应变的分析，以及其他在物理科学和工程应用中。它是关于向量场的想法的一般化，而向量场可以视为"从点到点变化的向量"。假如一个空间中的每一点的属性都可以用一个张量来代表，那么这个场就是一个张量场，最常见的张量场为应力能张量场。例如，一个连续体内的应力分布 $\boldsymbol{\sigma}(x_1,x_2,x_3)$ 便是二阶张量场（通常称为应力场）。标量场和矢量场分别为零阶和一阶的张量场。

一般情况下，张量可能是空间点的坐标 $x_i(i=1,2,3)$ 的函数，也可能是时间 t 的函数。不依赖时间 t 的张量场称为定常张量场；否则，称为非定常张量场。用分量来表示，标量 ϕ 可写成 $\phi(x_k)$ 或 $\phi(x_k,t)$，矢量场 $\boldsymbol{A}$ 可写成 $\boldsymbol{A}_i(x_k)$ 或 $\boldsymbol{A}_i(x_k,t)$，二阶张量场 $\boldsymbol{T}$ 可写成 $T_{ij}(x_k)$ 或 $T_{ij}(x_k,t)$。

2.5.2　斜角直线坐标系中张量场函数的梯度、散度和旋度

前文介绍了直角坐标系中的 3 种物理量，即张量场函数的梯度、散度和旋度的一种特殊情况，下面我们介绍更为普遍的情况。

1. 张量场函数的梯度

这里引入哈密顿算子：

$$(\ )\otimes\boldsymbol{\nabla}=\frac{\partial f(\ )}{\partial x^i}\boldsymbol{e}^i$$

简记为

$$(\ )\boldsymbol{\nabla}=\frac{\partial f(\ )}{\partial x^i}\boldsymbol{e}^i$$

$$\boldsymbol{\nabla}\otimes(\ )=\boldsymbol{e}^i\frac{\partial f(\ )}{\partial x^i}\tag{2-5-1}$$

简记为

$$\boldsymbol{\nabla}(\ )=\boldsymbol{e}^i\frac{\partial f(\ )}{\partial x^i}\tag{2-5-2}$$

则定义 n 阶张量场函数 $\boldsymbol{A}$ 的右梯度为

$$\boldsymbol{A}\otimes\boldsymbol{\nabla}=\frac{\partial\boldsymbol{A}}{\partial x^j}\boldsymbol{e}^j$$

简记为

$$\boldsymbol{A}\boldsymbol{\nabla}=\frac{\partial \boldsymbol{A}}{\partial x^{j}}\boldsymbol{e}^{j} \tag{2-5-3}$$

左梯度为

$$\boldsymbol{\nabla}\otimes\boldsymbol{A}=\boldsymbol{e}^{j}\ \frac{\partial \boldsymbol{A}}{\partial x^{j}}$$

简记为

$$\boldsymbol{\nabla}\boldsymbol{A}=\boldsymbol{e}^{j}\ \frac{\partial \boldsymbol{A}}{\partial x^{j}} \tag{2-5-4}$$

张量场函数 $\boldsymbol{A}$ 的左、右梯度是不同的张量(不包括零阶张量,即标量场),它们有以下关系:

$$\boldsymbol{A}\boldsymbol{\nabla}=(\boldsymbol{\nabla}\boldsymbol{A})^{\mathrm{T}} \tag{2-5-5}$$

同时需要注意,n 阶张量场函数的梯度是 $n+1$ 阶张量。

2. 张量场函数的散度

设任意阶张量场函数($n>1$)为

$$\boldsymbol{A}=A_{i}^{jkl}\boldsymbol{e}^{i}\boldsymbol{e}_{j}\boldsymbol{e}_{k}\boldsymbol{e}_{l}=A_{l}^{ijk}\boldsymbol{e}_{i}\boldsymbol{e}_{j}\boldsymbol{e}_{k}\boldsymbol{e}^{l}=\cdots \tag{2-5-6}$$

则 $\boldsymbol{A}$ 的散度为

$$\boldsymbol{A}\cdot\boldsymbol{\nabla}=\frac{\partial \boldsymbol{A}}{\partial x^{s}}\cdot\boldsymbol{e}^{s}=A_{i;s}^{jkl}e^{i}e_{j}e_{k}e_{l}\cdot e^{s}=A_{il}^{jkl}\boldsymbol{e}^{i}\boldsymbol{e}_{j}\boldsymbol{e}_{k} \tag{2-5-7}$$

$$\boldsymbol{\nabla}\cdot\boldsymbol{A}=\boldsymbol{e}^{s}\cdot\frac{\partial \boldsymbol{A}}{\partial x^{s}}=\nabla_{s}A_{l}^{ij\cdots k}\boldsymbol{e}^{s}\cdot\boldsymbol{e}_{i}\boldsymbol{e}_{j}\cdots\boldsymbol{e}_{k}\boldsymbol{e}^{l}=\nabla_{i}A_{l}^{ij\cdots k}\boldsymbol{e}_{j}\cdots\boldsymbol{e}_{k}\boldsymbol{e}^{l} \tag{2-5-8}$$

显然,一般情况下,$\boldsymbol{A}\cdot\boldsymbol{\nabla}\neq\boldsymbol{\nabla}\cdot\boldsymbol{A}$,且散度的阶数为 $n-1$。

斜角直线坐标系中向量的散度表达式为

$$\begin{aligned}\boldsymbol{\nabla}\cdot\boldsymbol{v}&=\frac{\partial u^{i}}{\partial x^{i}}=\delta_{j}^{i}\ \frac{\partial u^{j}}{\partial x^{i}}=\boldsymbol{e}^{i}\cdot\boldsymbol{e}_{j}\ \frac{\partial u^{j}}{\partial x^{i}}\\&=\boldsymbol{e}^{i}\cdot\frac{\partial u^{j}\boldsymbol{e}_{j}}{\partial x^{i}}=\boldsymbol{e}^{i}\cdot\frac{\partial v}{\partial x^{i}}=\frac{\partial y^{k}}{\partial x^{i}}\boldsymbol{e}^{i}\cdot\frac{\partial v}{\partial y^{k}}\\&=\boldsymbol{g}^{k}\cdot\frac{\partial v}{\partial y^{k}}=\frac{\partial v}{\partial y^{k}}\cdot\boldsymbol{g}^{k}=\boldsymbol{v}\cdot\boldsymbol{\nabla}\end{aligned} \tag{2-5-9}$$

3. 张量场函数的旋度

任意阶张量场函数的旋度为

$$\boldsymbol{\nabla}\times\boldsymbol{A}=\boldsymbol{e}^{s}\times\frac{\partial \boldsymbol{A}}{\partial x^{s}}=\boldsymbol{e}^{s}\times(\nabla_{s}A_{i}^{jkl}\boldsymbol{e}^{i}\boldsymbol{e}_{j}\boldsymbol{e}_{k}\boldsymbol{e}_{l})=\in^{sim}(\nabla_{s}A_{i}^{jkl}\boldsymbol{e}_{m}\boldsymbol{e}_{j}\boldsymbol{e}_{k}\boldsymbol{e}_{l}) \tag{2-5-10}$$

$$\boldsymbol{A}\times\boldsymbol{\nabla}=\frac{\partial \boldsymbol{A}}{\partial x^{s}}\times\boldsymbol{e}^{s}=A_{l;s}^{ijk}\boldsymbol{e}_{i}\boldsymbol{e}_{j}\boldsymbol{e}_{k}\boldsymbol{e}^{l}\times\boldsymbol{e}^{s}=A_{l;s}^{ijk}\in^{lsm}\boldsymbol{e}_{i}\boldsymbol{e}_{j}\boldsymbol{e}_{k}\boldsymbol{e}_{m} \tag{2-5-11}$$

也可以写成

$$\boldsymbol{\nabla}\times\boldsymbol{A}=\in:(\boldsymbol{\nabla}\boldsymbol{A}) \tag{2-5-12}$$

$$\boldsymbol{A}\times\boldsymbol{\nabla}=(\boldsymbol{A}\otimes\boldsymbol{\nabla}):\in$$

简写为

$$\boldsymbol{A}\times\boldsymbol{\nabla}=(\boldsymbol{A}\boldsymbol{\nabla}):\in \tag{2-5-13}$$

对于矢量场函数,旋度则可以表示为

$$
\begin{aligned}
\mathbf{curl}\,\boldsymbol{A} &= \boldsymbol{\nabla}\times\boldsymbol{A} \\
&= \nabla_i A_j \boldsymbol{e}^i \times \boldsymbol{e}^j \\
&= \in^{ijk} \nabla_i A_j \boldsymbol{e}_k \\
&= \frac{1}{\sqrt{g}}\begin{vmatrix} \boldsymbol{e}_1 & \boldsymbol{e}_2 & \boldsymbol{e}_3 \\ \nabla_1 & \nabla_2 & \nabla_3 \\ A_1 & A_2 & A_3 \end{vmatrix}
\end{aligned} \tag{2-5-14}
$$

简化得

$$
\mathbf{curl}\,\boldsymbol{A} = \frac{1}{\sqrt{g}}\begin{vmatrix} \boldsymbol{e}_1 & \boldsymbol{e}_2 & \boldsymbol{e}_3 \\ \partial_1 & \partial_2 & \partial_3 \\ A_1 & A_2 & A_3 \end{vmatrix} \tag{2-5-15}
$$

本章习题

1. 求下列基底的协变基矢量或逆变基矢量。

(1) $\boldsymbol{e}_1 = i_1$、$\boldsymbol{e}_2 = \boldsymbol{i}_1 + \boldsymbol{i}_2$、$\boldsymbol{e}_3 = \boldsymbol{i}_1 + \boldsymbol{i}_2 + \boldsymbol{i}_3$。

(2) $\boldsymbol{e}^1 = \boldsymbol{i}_2 + \boldsymbol{i}_3$、$\boldsymbol{e}^2 = \boldsymbol{i}_3 + \boldsymbol{i}_1$、$\boldsymbol{e}^3 = \boldsymbol{i}_1 + \boldsymbol{i}_2$。

2. 在下列各题中，给出了两组基矢量 $\boldsymbol{e}_i$ 和 $\boldsymbol{e}_{i'}$。它们分别构成坐标系 x^i 和坐标系 $x^{i'}$。试求这两组坐标系的变换系数 $\beta^{i'}_j$，并写出新、旧坐标系的变换系数 $x^{i'} = \beta^{i'}_j x^j$。

(1) $\boldsymbol{e}_1 = \boldsymbol{i}_1 + \boldsymbol{i}_2 + \boldsymbol{i}_3$、$\boldsymbol{e}_2 = -\boldsymbol{i}_2$、$\boldsymbol{e}_3 = -\boldsymbol{i}_1 + \boldsymbol{i}_3$；

$\boldsymbol{e}_{1'} = \boldsymbol{i}_1 + \boldsymbol{i}_2$、$\boldsymbol{e}_{2'} = -\boldsymbol{i}_2 + \boldsymbol{i}_3$、$\boldsymbol{e}_{3'} = \boldsymbol{i}_1 + \boldsymbol{i}_3$。

(2) $\boldsymbol{e}_1 = 2\boldsymbol{i}_1 + \boldsymbol{i}_2$、$\boldsymbol{e}_2 = -\boldsymbol{i}_1 + \boldsymbol{i}_2$；

$\boldsymbol{e}_{1'} = -2\boldsymbol{i}_1 + \boldsymbol{i}_2$、$\boldsymbol{e}_{2'} = -2\boldsymbol{i}_1 + \boldsymbol{i}_2$。

(3) $\boldsymbol{e}_1 = \boldsymbol{i}_2 - \boldsymbol{i}_3$、$\boldsymbol{e}_2 = -\boldsymbol{i}_1 + \boldsymbol{i}_2$、$\boldsymbol{e}_3 = \boldsymbol{i}_1 + \boldsymbol{i}_2$；

$\boldsymbol{e}_{1'} = \boldsymbol{i}_1$、$\boldsymbol{e}_{2'} = \boldsymbol{i}_1 + 2\boldsymbol{i}_3$、$\boldsymbol{e}_{3'} = \boldsymbol{i}_1 + 2\boldsymbol{i}_2$。

(4) $\boldsymbol{e}_1 = 2\boldsymbol{i}_1$、$\boldsymbol{e}_2 = \boldsymbol{i}_1 + \boldsymbol{i}_2$；

$\boldsymbol{e}_{1'} = 2\boldsymbol{i}_1 + \boldsymbol{i}_2$、$\boldsymbol{e}_{2'} = \boldsymbol{i}_2$。

3. 二阶张量 $\boldsymbol{A}$ 在直角坐标系中的分量为

$$
(A_{ij}) = \begin{bmatrix} 2 & 0 & 3 \\ 0 & -1 & 0 \\ 0 & 2 & -1 \end{bmatrix}
$$

求张量 $\boldsymbol{A}$ 在以 $\boldsymbol{e}_{1'} = \boldsymbol{i}_1 + \boldsymbol{i}_3$、$\boldsymbol{e}_{2'} = \boldsymbol{i}_1 + 2\boldsymbol{i}_2 + \boldsymbol{i}_3$、$\boldsymbol{e}_{3'} = -\boldsymbol{i}_1 + \boldsymbol{i}_2 + \boldsymbol{i}_3$ 为基底的斜角直线坐标系中的协变分量 $(A_{i'j'})$ 和逆变分量 $(A^{i'j'})$。

4. 二阶张量 $\boldsymbol{A}$ 在以 $\boldsymbol{e}_1 = \boldsymbol{i}_2 + \boldsymbol{i}_3$、$\boldsymbol{e}_2 = \boldsymbol{i}_1 + \boldsymbol{i}_3$、$\boldsymbol{e}_3 = \boldsymbol{i}_1 + \boldsymbol{i}_2 + \boldsymbol{i}_3$ 为基底的斜角直线坐标系中的分量为

$$
(A_{ij}) = \begin{bmatrix} -1 & 2 & 0 \\ 2 & 0 & 3 \\ 0 & 3 & -2 \end{bmatrix}
$$

求逆变分量 A^{ij} 和混合分量 $A^i_{\ j}, A_i^{\ j}$。

5. 以 $\boldsymbol{e}_i$ 为基底的斜角直线坐标系中的度量张量 $\boldsymbol{g}_{ij}$ 为

$$(g_{ij})=\begin{bmatrix}2&0&0\\0&1&1\\0&1&3\end{bmatrix}$$

(1)求该坐标系中点 $P(2,1,3)$ 和点 $Q(4,-3,-1)$ 之间的距离。

(2)求两矢量 $\boldsymbol{A}=2\boldsymbol{e}_1+\boldsymbol{e}_2-2\boldsymbol{e}_3$ 与 $\boldsymbol{B}=-\boldsymbol{e}_1+3\boldsymbol{e}_2+2\boldsymbol{e}_3$ 的标积。

(3)以 $\boldsymbol{e}^l$ 来表示矢量 $\boldsymbol{A}$ 与 $\boldsymbol{B}$ 的矢积。

第3章　曲线坐标系中的张量

3.1　曲线坐标系变换

前几章对于笛卡儿坐标系的张量空间及张量运算进行了介绍。对于一个自由矢量空间中的自由矢量来说,不仅可以使用标准正交基底线性 $\boldsymbol{i}_1$、$\boldsymbol{i}_2$、$\boldsymbol{i}_3$ 表示,而且可以使用任意一组线性无关的矢量 $\boldsymbol{r}_1$、$\boldsymbol{r}_2$、$\boldsymbol{r}_3$ 表示。假设 $\boldsymbol{x}\in V$(V 是三维欧几里得空间),则 $\boldsymbol{x}$ 在任意线性无关矢量组 $\boldsymbol{r}_1$、$\boldsymbol{r}_2$、$\boldsymbol{r}_3$ 中。作为基底的线性表示为 $\boldsymbol{x}=x^1\boldsymbol{r}_1+x^2\boldsymbol{r}_2+x^3\boldsymbol{r}_3$。其中$(x^1,x^2,x^3)$被称为 $\boldsymbol{x}\in V$ 在基底 $\boldsymbol{r}_1$、$\boldsymbol{r}_2$、$\boldsymbol{r}_3$ 上的坐标。对于 x^i,$i=1,2,3$ 通常被称为 x 的上标,并没有次幂的意思。$(x^1,x^2,x^3)=(x^i)$通常被称为矢量 $\boldsymbol{x}\in V$ 的曲线坐标。特殊情况下,当基底 $\boldsymbol{r}_1$、$\boldsymbol{r}_2$、$\boldsymbol{r}_3$ 是相互正交的 V 中每点都不变的单位矢量时,$(x^1,x^2,x^3)=(x_1,x_2,x_3)$被称为 $\boldsymbol{x}\in V$ 的直角坐标系。曲线坐标系对于描述某些特定的物理问题具有优势,因此其在某些领域中被大量应用。本章讨论三维空间中的曲线坐标系坐标变化情况。

3.1.1　曲线坐标系的变换条件

为了便于区分笛卡儿坐标系和曲线坐标系,同时为了表达效果的简洁性,本章用 u^i 来表示在曲线坐标系中的坐标,代替上述的 x^i;直角坐标系中的坐标用 x^i 表示,代替上述的 x_i。在直角坐标系中,基矢量不随点的位置的变化而变化;而在曲线坐标系中,位矢 $\boldsymbol{r}$ 不是坐标(u^1,u^2,u^3)的线性函数。

三维空间中的任意一点 P 的位置用固定点 O 至该点的位矢 $\boldsymbol{r}$ 表示,位矢 $\boldsymbol{r}$ 可以用3个独立的参量 u^1、u^2、u^3 表示,有

$$\boldsymbol{r}=\boldsymbol{r}(u^1,u^2,u^3) \tag{3-1-1}$$

为了便于参考,引入笛卡儿坐标系 x^1、x^2、x^3 及其正交标准化基 $\boldsymbol{i}$、$\boldsymbol{j}$、$\boldsymbol{k}$,并且假设该笛卡儿坐标系的坐标原点就取在 O 点,如图3-1所示。

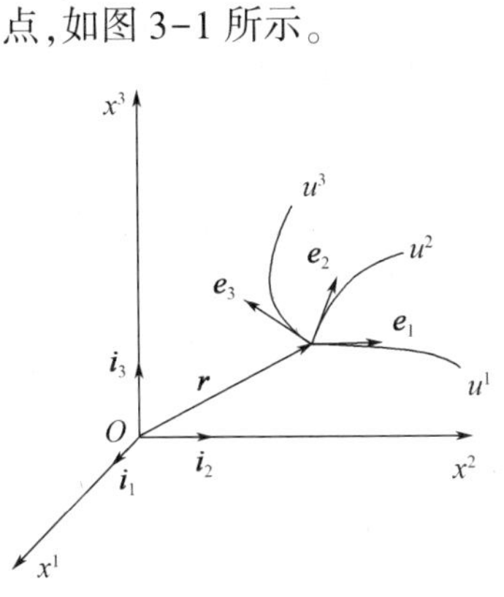

图3-1　位矢 r 示意图

所以式(3-1-1)可以写成

$$\boldsymbol{r}=x^1(u^1,u^2,u^3)\boldsymbol{i}+x^2(u^1,u^2,u^3)\boldsymbol{j}+x^3(u^1,u^2,u^3)\boldsymbol{k} \tag{3-1-2}$$

式中,$x^k(k=1,2,3)$表示笛卡儿坐标系中的坐标;$u^i(i=1,2,3)$表示曲线坐标系中的坐标。只有满足曲线坐标点 u^i 与空间点一一对应的条件,才能实现笛卡儿坐标系和曲线坐标系之间的转换。也就是说,要求函数 $u^i=u^i(x^k)$ 在 x^k 的定义域内符合单值、连续光滑且可逆,即

$$\det\left(\frac{\partial u^i}{\partial x^k}\right)\neq 0 \tag{3-1-3}$$

$$\det\left(\frac{\partial x^k}{\partial u^i}\right)\neq 0 \tag{3-1-4}$$

式(3-1-3)和式(3-1-4)被称为雅可比行列式,式(3-1-3)展开有

$$J=\left|\frac{\partial u^i}{\partial x^k}\right|=\begin{vmatrix}\dfrac{\partial u^1}{\partial x^1} & \dfrac{\partial u^1}{\partial x^2} & \dfrac{\partial u^1}{\partial x^3}\\ \dfrac{\partial u^2}{\partial x^1} & \dfrac{\partial u^2}{\partial x^2} & \dfrac{\partial u^2}{\partial x^3}\\ \dfrac{\partial u^3}{\partial x^1} & \dfrac{\partial u^3}{\partial x^2} & \dfrac{\partial u^3}{\partial x^3}\end{vmatrix}\neq 0 \tag{3-1-5}$$

当上述雅可比行列式不为 0 时,$u^i=u^i(x^k)$便存在逆变换。函数 $u^i=u^i(x^k)$在 x^k 的定义域内符合单值、连续光滑且可逆,笛卡儿坐标系可以和曲线坐标系进行变换。式(3-1-4)也同理。可以证明的是,当雅可比行列式不为 0 时,不同曲线坐标系之间的变换也具有上述性质。

3.1.2 曲线坐标系的局部基

曲线坐标系与直线坐标系有所区别。位矢与坐标之间一般不满足线性关系。因此,曲线坐标不能写成位矢的分量的形式。直线坐标系中的基矢量线性表达式形式在曲线坐标系中已经不可通用。本节将推导曲线坐标系的基矢量形式。

假设以下推导过程都符合坐标变换的条件。在三维空间中取一点 $P(u^1,u^2,u^3)$,该坐标记为 $P(u^i)$,其位矢为 $\boldsymbol{R}$。在 P 点附近取一个小的增量,其位矢为 $\boldsymbol{R}+\mathrm{d}\boldsymbol{R}$,其坐标记为 $P'(u^i+\mathrm{d}u^i)$。如图 3-2 所示。

则有

$$\boldsymbol{PP'}=\mathrm{d}\boldsymbol{S}=\mathrm{d}\boldsymbol{R}=\frac{\partial \boldsymbol{R}}{\partial u^i}\mathrm{d}u^i \tag{3-1-6}$$

将 $\mathrm{d}\boldsymbol{R}$ 沿着坐标线切向方向分解,得

$$\mathrm{d}\boldsymbol{R}=(\mathrm{d}\boldsymbol{R})_1+(\mathrm{d}\boldsymbol{R})_2+(\mathrm{d}\boldsymbol{R})_3 \tag{3-1-7}$$

取局部基为某一组与坐标曲线相切的矢量 $\boldsymbol{e}_i$(图 3-2(b))、$\mathrm{d}u^i$ 与 $\mathrm{d}\boldsymbol{R}$ 的关系如下:

$$\mathrm{d}u^1\boldsymbol{e}_1=(\mathrm{d}\boldsymbol{R})_1,\mathrm{d}u^2\boldsymbol{e}_2=(\mathrm{d}\boldsymbol{R})_2,\mathrm{d}u^3\boldsymbol{e}_3=(\mathrm{d}\boldsymbol{R})_3 \tag{3-1-8}$$

联立式(3-1-8),得

$$\left(\boldsymbol{e}_i-\frac{\partial \boldsymbol{R}}{\partial u^i}\right)\mathrm{d}u^i=0 \tag{3-1-9}$$

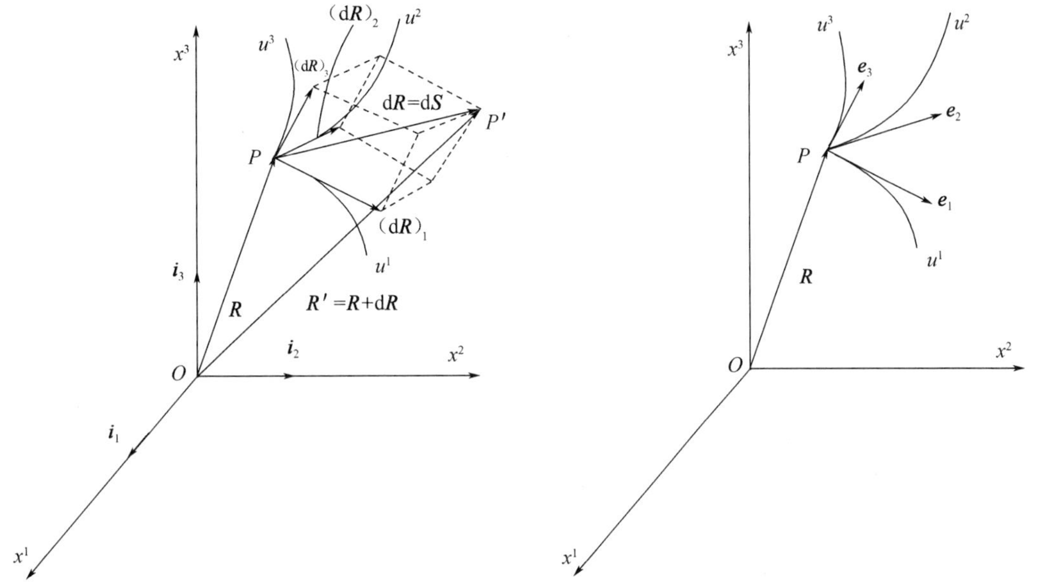

（a）　　　　　　　　　　　　　　　（b）

图 3-2　位矢 $\boldsymbol{R}$ 示意图

由于 $\mathrm{d}u^i$ 的任意性，式(3-1-9)要恒成立，则

$$\boldsymbol{e}_i=\frac{\partial \boldsymbol{R}}{\partial u^i} \tag{3-1-10}$$

又因为

$$\boldsymbol{R}=x^k\boldsymbol{i}_k \tag{3-1-11}$$

则

$$\boldsymbol{e}_i=\frac{\partial \boldsymbol{R}}{\partial u^i}=\frac{\partial x^k}{\partial u^i}\boldsymbol{i}^k \tag{3-1-12}$$

因为 $x^k=x^k(u^1,u^2,u^3)(k=1,2,3)$ 是一一对应的函数。因此，有

$$\left(\frac{\partial \boldsymbol{R}}{\partial u^1}\right)\cdot\left[\left(\frac{\partial \boldsymbol{R}}{\partial u^2}\right)\times\left(\frac{\partial \boldsymbol{R}}{\partial u^3}\right)\right]\neq 0 \tag{3-1-13}$$

这表明$\frac{\partial \boldsymbol{R}}{\partial u^1}$、$\frac{\partial \boldsymbol{R}}{\partial u^2}$、$\frac{\partial \boldsymbol{R}}{\partial u^3}$是线性无关的 3 个矢量。因此，这 3 个矢量可以作为 $\boldsymbol{R}=x^k\boldsymbol{i}_k$ 处的矢量空间的基底。我们称 $\boldsymbol{e}_i$ 为参考坐标系中位置矢量 $\boldsymbol{R}$ 处的局部基。

由表达式(3-1-10)可知，仅 u^i(i 取固定值)变化时，以 $\boldsymbol{R}$ 为位矢的点将描绘出一条曲线(即 u^i 坐标曲线)。从几何角度分析，$\boldsymbol{e}_i=\frac{\partial \boldsymbol{R}}{\partial u^i}$就是 u^i 坐标曲线的切线矢量，且其方向指向 u^i 增大的方向。

$$\boldsymbol{e}_i\cdot\boldsymbol{e}^j=\delta_i^j \tag{3-1-14}$$

式(3-1-14)为对偶条件式。在此，我们模仿斜角直线坐标系，引入一组与 $\boldsymbol{e}_i$ 满足对偶条件的矢量 $\boldsymbol{e}^j$。一般来说，自然局部基矢量 $\boldsymbol{e}_1$、$\boldsymbol{e}_2$、$\boldsymbol{e}_3$ 是非正交的，但是在矢量空间中存在 $\boldsymbol{e}^1$、$\boldsymbol{e}^2$、$\boldsymbol{e}^3$ 使得 $\boldsymbol{e}^1$ 与 $\boldsymbol{e}_2$、$\boldsymbol{e}_3$ 正交，$\boldsymbol{e}^2$ 与 $\boldsymbol{e}_1$、$\boldsymbol{e}_3$ 正交，$\boldsymbol{e}^3$ 与 $\boldsymbol{e}_1$、$\boldsymbol{e}_2$ 正交，而且 $\boldsymbol{e}^1$、$\boldsymbol{e}^2$、$\boldsymbol{e}^3$ 是线性无关的矢

量,因此,这 3 个矢量也构成一组基底。$\boldsymbol{e}^i$、$\boldsymbol{e}^j$ 被称为在曲线坐标系中位置矢量 $\boldsymbol{r}$ 处的互为对偶的局部基矢量。$\{\boldsymbol{e}_1,\boldsymbol{e}_2,\boldsymbol{e}_3\}$ 称为曲线坐标系的协变基底,$\{\boldsymbol{e}^1,\boldsymbol{e}^2,\boldsymbol{e}^3\}$ 称为曲线坐标系的逆变基底。

$$\boldsymbol{R}=A^i\boldsymbol{e}_i=A_j\boldsymbol{e}^j \tag{3-1-15}$$

式中,A^i 与 A_j 分别称为 $\boldsymbol{R}$ 在协变基底和逆变基底下的逆变分量和协变分量。

例 1 设曲线坐标为

$$\begin{cases}x^1=u^1\cos u^2\\ x^2=u^1\sin u^2\\ x^3=u^3\end{cases}$$

试求曲线坐标系的协变基矢量和逆变基矢量。

解

$$\boldsymbol{e}_1=\frac{\partial x^i}{\partial u^1}\boldsymbol{i}_i=\cos u^2\boldsymbol{i}_1+\sin u^2\boldsymbol{i}_2$$

$$\boldsymbol{e}_2=\frac{\partial x^i}{\partial u^2}\boldsymbol{i}_i=(-u^1\sin u^2)\boldsymbol{i}_1+(u^1\cos u^2)\boldsymbol{i}_2$$

$$\boldsymbol{e}_3=\frac{\partial x^i}{\partial u^3}\boldsymbol{i}_i=\boldsymbol{i}_3$$

$$\boldsymbol{e}_1\cdot(\boldsymbol{e}_2\times\boldsymbol{e}_3)=\begin{vmatrix}\cos u^2 & \sin u^2 & 0\\ -u^1\sin u^2 & u^1\cos u^2 & 0\\ 0 & 0 & 1\end{vmatrix}=u^1=\sqrt{g}$$

$$\begin{aligned}\boldsymbol{e}_2\times\boldsymbol{e}_3&=u^1[(-\sin u^2)\boldsymbol{i}_1\times\boldsymbol{i}_3+(\cos u^2)\boldsymbol{i}_2\times\boldsymbol{i}_3]\\&=u^1[(\sin u^2)\boldsymbol{i}_2+(\cos u^2)\boldsymbol{i}_1]\end{aligned}$$

$$\begin{aligned}\boldsymbol{e}_3\times\boldsymbol{e}_1&=(\cos u^2)\boldsymbol{i}_3\times\boldsymbol{i}_1+(\sin u^2)\boldsymbol{i}_3\times\boldsymbol{i}_2\\&=(\cos u^2)\boldsymbol{i}_2-(\sin u^2)\boldsymbol{i}_1\end{aligned}$$

$$\begin{aligned}\boldsymbol{e}_1\times\boldsymbol{e}_2&=[(\cos u^2)\boldsymbol{i}_1+(\sin u^2)\boldsymbol{i}_2]\times[(-u^1\sin u^2)\boldsymbol{i}_1+(u^1\cos u^2)\boldsymbol{i}_2]\\&=u^1(\cos u^2)^2\boldsymbol{i}_3+u^1(\sin u^2)^2\boldsymbol{i}_3\\&=u^1\boldsymbol{i}_3\end{aligned}$$

$$\boldsymbol{e}^1=(\sin u^2)\boldsymbol{i}_2+(\cos u^2)\boldsymbol{i}_1=\boldsymbol{e}_1$$

$$\boldsymbol{e}^2=\frac{1}{u^1}[(\cos u^2)\boldsymbol{i}_2-(\sin u^2)\boldsymbol{i}_1]=\frac{\boldsymbol{e}_2}{(u^1)^2}$$

$$\boldsymbol{e}^3=\boldsymbol{i}_3=\boldsymbol{e}_3$$

其实由上述分析可以发现,该曲线坐标系就是柱坐标系,将在后续章节介绍。

3.1.3 正交曲线坐标系

正交曲线坐标系是特殊的曲线坐标系。由前几节可知,在曲线坐标系中基向量的方向是随着空间点的变化而变化的。在直角坐标系中,它们彼此正交。同理,如果曲线坐标系在空间中的各个基向量 $\boldsymbol{e}_1$、$\boldsymbol{e}_2$、$\boldsymbol{e}_3$ 彼此正交,则称该曲线坐标系为正交曲线坐标系。值得注意的是,在正交直角坐标系中,虽然各个基向量两两正交,但是 $|\boldsymbol{e}_1|$、$|\boldsymbol{e}_2|$、$|\boldsymbol{e}_3|$ 不一定是单位长度,只有将其单位化之后,才能得到每一位置处的单位正交基底。

常见的正交曲线坐标系有柱面坐标系、球面坐标系、椭圆柱面坐标系、椭球面坐标系等。本节选取部分正交曲线坐标系进行简要介绍。

1. 柱面坐标系

设空间点 P 在直角坐标系中的坐标为 (x^1,x^2,x^3)；在曲线坐标系中的坐标为 (u^1,u^2,u^3)，$u^1=r,u^2=\theta,u^3=z(r\geqslant 0,0\leqslant\theta<2\pi)$，如图 3-3 所示。

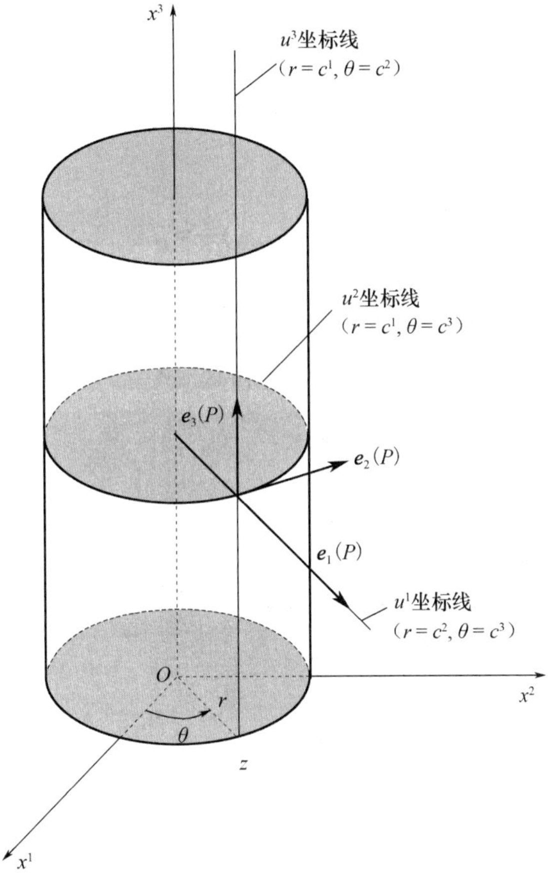

图 3-3　柱面坐标系

$$\begin{cases}x^1=x^1(u^1,u^2,u^3)=r\cos\theta\\x^2=x^2(u^1,u^2,u^3)=r\sin\theta\\x^3=u^3=z\end{cases}\tag{3-1-16}$$

由几何关系，联立式(3-1-16)，所以有

$$\begin{cases}u^1=r=\sqrt{(x^1)^2+(x^2)^2}\\u^2=\theta=\tan^{-1}\dfrac{x^2}{x^1}\\u^3=z=x^3\end{cases}\tag{3-1-17}$$

式中，u^1、u^2、u^3 分别表示一个曲面。其中，u^1 表示坐标曲面，$r=c^1$，代表以 x^3 轴为中心轴的圆柱面，随着 x^1、x^2 的变化，圆柱面圆的大小变化；u^2 表示坐标曲面，$\theta=c^2$，代表通过 x^3 轴的

半平面,可以理解为由 x^3 轴出发的朝固定角度 θ 散射形成的半平面(另一端为互补的角度,因此为半平面,而非整个全平面);u^3 表示坐标曲面,$z=c^3$,代表垂直于 x^3 轴的平面,随着 z 的变化而实现整个平面的升降。

2. 球面坐标系

设空间点 P 在直角坐标系中的坐标为 (x^1,x^2,x^3);在曲线坐标系中的坐标为 (u^1,u^2,u^3),$u^1=r,u^2=\varphi,u^3=\theta(r\geqslant 0,0\leqslant\varphi\leqslant\pi,0\leqslant\theta<2\pi)$,如图 3-4 所示。

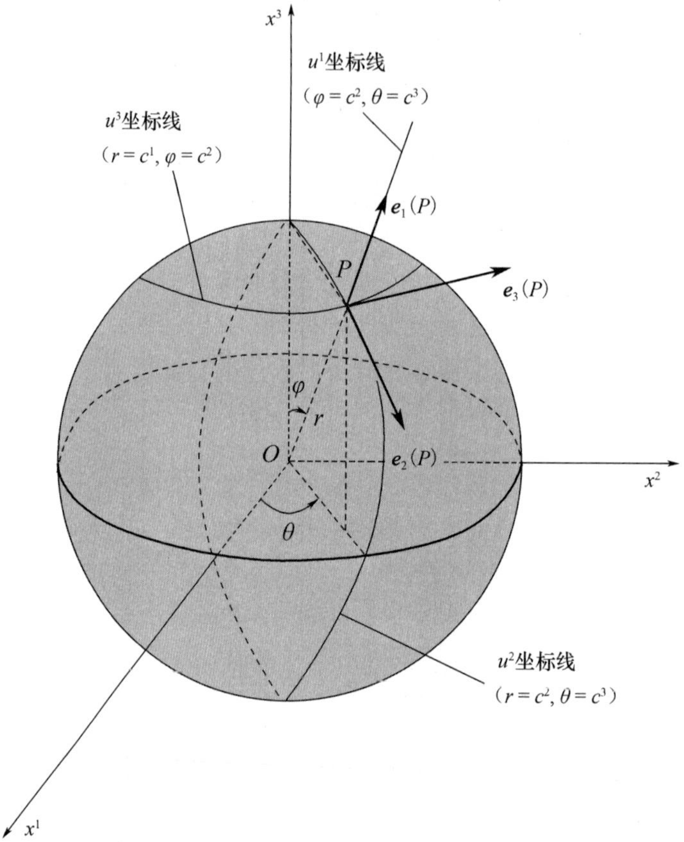

图 3-4 球面坐标系

$$\begin{cases}x^1=x^1(u^1,u^2,u^3)=r\sin\varphi\cos\theta\\x^2=x^2(u^1,u^2,u^3)=r\sin\varphi\sin\theta\\x^3=x^3(u^1,u^2,u^3)=r\cos\varphi\end{cases}\tag{3-1-18}$$

由几何关系,联立式(3-1-18),所以有

$$\begin{cases}u^1=r=\sqrt{(x^1)^2+(x^2)^2+(x^3)^2}\\u^2=\varphi=\tan^{-1}\dfrac{\sqrt{(x^1)^2+(x^2)^2}}{x^3}\\u^3=\theta=\tan^{-1}\dfrac{x^2}{x^1}\end{cases}\tag{3-1-19}$$

式中,u^1、u^2、u^3 分别表示一个曲面。其中,u^1 表示坐标曲面,$r=c^1$,代表以原点为圆心的球

面,其半径随着 x^1、x^2、x^3 的变化而改变;u^2 表示坐标曲面,$\varphi=c^2$,代表以原点为顶点、以 x^3 轴为中心轴、φ 角固定的 r 线构成的圆锥面,圆锥面向一方无限延伸;u^3 表示坐标曲面,$\theta=c^3$,代表 θ 角固定、以 x^3 轴为起始轴的半平面,与柱面坐标系中的 u^3 坐标曲面类似。

例 2　分析式(3-1-16)和式(3-1-18)是否满足坐标变换的条件,其各自的逆变换是否存在。

解

考虑式(3-1-16)

$$\begin{cases}x^1=x^1(u^1,u^2,u^3)=r\cos\theta\\x^2=x^2(u^1,u^2,u^3)=r\sin\theta\\x^3=u^3=z\end{cases}$$

式中,$u^1=r$;$u^2=\theta$;$u^3=z$。$x^k(u^i)$ 为 u^i 的单值连续可微函数,故变换式(3-1-16)存在;由于其雅可比行列式为

$$J=\left|\frac{\partial x^k}{\partial u^i}\right|=\begin{vmatrix}\cos\theta & -r\sin\theta & 0\\ \sin\theta & r\cos\theta & 0\\ 0 & 0 & 1\end{vmatrix}=r$$

根据坐标变换条件可知,$r\neq0$ 时,$J\neq0$,式(3-1-16)的逆变换存在,即除了 x^3 轴上的点外,逆变换存在。

考虑式(3-1-18)

$$\begin{cases}x^1=x^1(u^1,u^2,u^3)=r\sin\varphi\cos\theta\\x^2=x^2(u^1,u^2,u^3)=r\sin\varphi\sin\theta\\x^3=x^3(u^1,u^2,u^3)=r\cos\varphi\end{cases}$$

式中,$u^1=r$;$u^2=\varphi$;$u^3=\theta$。$x^k(u^i)$ 为 u^i 的单值连续可微函数,故变换式(3-1-18)存在;由于其雅可比行列式为

$$J=\left|\frac{\partial x^k}{\partial u^i}\right|=\begin{vmatrix}\sin\varphi\cos\theta & r\cos\theta\sin\varphi & -r\sin\varphi\sin\theta\\ \sin\varphi\sin\theta & r\sin\theta\cos\varphi & r\cos\theta\sin\varphi\\ \cos\varphi & -r\sin\varphi & 0\end{vmatrix}=r^2\sin\varphi$$

根据坐标变换条件可知,$J\neq0$ 时,$r\neq0$ 或 $\varphi\neq0$、$\varphi\neq\pi$,即除了 x^3 轴上的点外,式(3-1-18)的逆变换存在。

3.1.4　坐标变换

在研究某一物理问题时,同一物理量在不同坐标系中往往用不同的分量加以定量描述。本节旨在研究不同分量之间的关系。假设旧坐标系和新坐标系之间的函数关系满足坐标变换条件、对应的雅可比行列式不为 0 的条件。其中,旧坐标系表示为 u^i,新坐标表示为 $u^{j'}$。

将新坐标系的基矢量对旧坐标基矢量分解,得到

$$\boldsymbol{e}_{i'}=\beta^j_{i'}\boldsymbol{e}_j \tag{3-1-20}$$

$$\boldsymbol{e}^{i'}=\beta^{i'}_j\boldsymbol{e}^j \tag{3-1-21}$$

式中,$i'=1,2,3$;$\beta^j_{i'}$ 称为协变转换系数;$\beta^{i'}_j$ 称为逆变转换系数。值得注意的是,协变转换系数和逆变转换系数并不是独立的,因为协变基矢量和逆变基矢量必须满足对偶条件。同

时，由新、旧坐标之间的函数关系与基矢量定义可求得协变转换系数与逆变转换系数，利用复合函数求导规则，有

$$\boldsymbol{e}_{i'}=\frac{\partial \boldsymbol{R}}{\partial x^{i'}}=\frac{\partial \boldsymbol{R}}{\partial x^{j}}\frac{\partial x^{j}}{\partial x^{i'}}=\frac{\partial x^{j}}{\partial x^{i'}}\boldsymbol{e}_{j} \tag{3-1-22}$$

式中，$i'=1,2,3$。

又由协变转换系数和逆变转换系数的定义（式(2-2-8)、式(2-2-9)）可知

$$\beta_{i'}^{j}=\frac{\partial x^{j}}{\partial x^{i'}},\beta_{j}^{i'}=\frac{\partial x^{i'}}{\partial x^{j}} \tag{3-1-23}$$

则

$$\boldsymbol{e}^{i'}=\frac{\partial x^{i'}}{\partial x^{j}}\boldsymbol{e}^{j} \tag{3-1-24}$$

3.1.5 一般张量的变化规律

联系曲线坐标系的张量称为一般张量。一般张量与斜角直线坐标系中的张量有许多相同点。曲线坐标系中的矢量分量的关系式如下：

$$\boldsymbol{A}=A^{i}\boldsymbol{e}_{i}=A_{i}\boldsymbol{e}^{j} \tag{3-1-25}$$

$$A_{i}=g_{ij}A^{j} \tag{3-1-26a}$$

$$A^{i}=g^{ij}A_{j} \tag{3-1-26b}$$

$$\boldsymbol{e}_{i}=g_{ij}\boldsymbol{e}^{j} \tag{3-1-27a}$$

$$\boldsymbol{e}^{i}=g^{ij}\boldsymbol{e}_{j} \tag{3-1-27b}$$

$$g_{ij}=\boldsymbol{e}_{i}\cdot\boldsymbol{e}_{j} \tag{3-1-28a}$$

$$g^{ij}=\boldsymbol{e}^{i}\cdot\boldsymbol{e}^{j} \tag{3-1-28b}$$

此处 e_i 和 e^i 对于斜角直线坐标系为固定的基底和倒易基；对于曲线坐标系，则为局部基和局部倒易基。矢量和二阶张量的变换规律如下：

$$A_{i'}=\beta_{i'}^{j}A_{j}=\frac{\partial u^{j}}{\partial u^{i'}}A_{j} \tag{3-1-29a}$$

$$A^{i'}=\beta_{j}^{i'}A^{j}=\frac{\partial u^{i'}}{\partial u^{j}}A_{j} \tag{3-1-29b}$$

$$\begin{cases}A_{i'j'}=\beta_{i'}^{p}\beta_{j'}^{q}A_{pq}=\dfrac{\partial u^{p}}{\partial u^{i'}}\dfrac{\partial u^{q}}{\partial u^{j'}}A_{pq} & (3\text{-}1\text{-}30\text{a})\\ A_{i'j'}=\beta_{p}^{i'}\beta_{q}^{j'}A^{pq}=\dfrac{\partial u^{i'}}{\partial u^{p}}\dfrac{\partial u^{j'}}{\partial u^{q}}A_{pq} & (3\text{-}1\text{-}30\text{b})\\ A_{i'}^{j'}=\beta_{i'}^{p}\beta_{q}^{j'}A_{p}^{q}=\dfrac{\partial u^{p}}{\partial u^{i'}}\dfrac{\partial u^{j'}}{\partial u^{q}}A_{p}^{q} & (3\text{-}1\text{-}30\text{c})\\ A_{j'}^{i'}=\beta_{p}^{i'}\beta_{j'}^{q}A_{q}^{p}=\dfrac{\partial u^{i'}}{\partial u^{p}}\dfrac{\partial u^{q}}{\partial u^{j'}}A_{q}^{p} & (3\text{-}1\text{-}30\text{d})\end{cases}$$

$$\beta_{i'}^{k}=\frac{\partial u^{k}}{\partial u^{i'}}=\boldsymbol{e}_{i'}\cdot\boldsymbol{e}^{k} \tag{3-1-31a}$$

$$\beta_{k}^{i'}=\frac{\partial u^{i'}}{\partial u^{k}}=\boldsymbol{e}^{i'}\cdot\boldsymbol{e}_{k} \tag{3-1-31b}$$

$r(r>2)$阶张量也具有相同的形式。在曲线坐标系中,g_{ij}、g^{ij}、$\beta_{i'}^{k}$、$\beta_{k}^{i'}$ 均随空间点的位置的变化而改变。

3.2 克里斯多菲符号

3.2.1 克里斯多菲符号的定义

为了表示基矢量对于坐标的变化率,可以将协变基矢量 $\boldsymbol{e}_i$ 对坐标 u^j 求导,得到导数 $\dfrac{\partial \boldsymbol{e}_i}{\partial u^j}$。因为$\dfrac{\partial \boldsymbol{e}_i}{\partial u^j}$为导数,所以可以将该式表示为

$$\frac{\partial \boldsymbol{e}_i}{\partial u^j}=\Gamma_{ijk}\boldsymbol{e}^k \tag{3-2-1a}$$

或

$$\frac{\partial \boldsymbol{e}_i}{\partial u^j}=\Gamma_{ij}^{k}\boldsymbol{e}_k \tag{3-2-1b}$$

式中,Γ_{ijk}、Γ_{ij}^{k} 为上述两式的系数。可以称 Γ_{ijk} 为第一类克里斯多菲符号,称 Γ_{ij}^{k} 为第二类克里斯多菲符号。下面推导其表达式。将式(3-2-1a)等号两边点乘 $\boldsymbol{e}_p$,得

$$\frac{\partial \boldsymbol{e}_i}{\partial u^j}\cdot\boldsymbol{e}_p=\Gamma_{ijk}\boldsymbol{e}^k\cdot\boldsymbol{e}_p=\Gamma_{ijk}\delta_p^k=\Gamma_{ijp} \tag{3-2-2}$$

即

$$\Gamma_{ijk}=\frac{\partial \boldsymbol{e}_i}{\partial u^j}\cdot\boldsymbol{e}_k \tag{3-2-3}$$

第二类克里斯多菲符号也可由类似的原理推导得出,有

$$\Gamma_{ij}^{k}=\frac{\partial \boldsymbol{e}_i}{\partial u^j}\cdot\boldsymbol{e}^k \tag{3-2-4}$$

式(3-2-3)和式(3-2-4)分别被称为第一类克里斯多菲符号和第二类克里斯多菲符号的定义式。第一类克里斯多菲符号可以看作由第二类克里斯多菲符号的第三个指标下降得到。而由上述的推导过程可知,在直角坐标系中,基矢量 $\boldsymbol{e}_i$ 保持不变,所以导数$\dfrac{\partial \boldsymbol{e}_i}{\partial u^j}$为 0。因此,在直角坐标系中

$$\Gamma_{ijk}=0 \tag{3-2-5a}$$

$$\Gamma_{ij}^{k}=0 \tag{3-2-5b}$$

例 1 试证明:

$$\frac{\partial \boldsymbol{e}^i}{\partial u^j}=-\Gamma_{jk}^{i}\boldsymbol{e}^k$$

证明

因为有

$$\frac{\partial \delta_k^i}{\partial u^j}=0$$

$$\delta_k^i = \boldsymbol{e}_k \cdot \boldsymbol{e}^i$$

所以

$$\frac{\partial(\boldsymbol{e}_k \cdot \boldsymbol{e}^i)}{\partial u^j} = 0$$

$$\frac{\partial \boldsymbol{e}_k}{\partial u^j} \cdot \boldsymbol{e}^i + \boldsymbol{e}_k \cdot \frac{\partial(\boldsymbol{e}^i)}{\partial u^j} = 0$$

$$\boldsymbol{e}_k \cdot \frac{\partial \boldsymbol{e}^i}{\partial u^j} = -\frac{\partial(\boldsymbol{e}_k)}{\partial u^j} \cdot \boldsymbol{e}^i = -\Gamma_{kj}^i \tag{1}$$

式(1)中第一、三项点乘 $\boldsymbol{e}^k$ 可得

$$\frac{\partial \boldsymbol{e}^i}{\partial u^j} = -\Gamma_{jk}^i \boldsymbol{e}^k$$

即证。

3.2.2 克里斯多菲符号性质

性质 1 第一类、第二类克里斯多菲符号中的前两个指标是对称的。

由于基矢量本身是矢量半径对坐标的导数，因此有

$$\boldsymbol{e}_i = \frac{\partial \boldsymbol{r}}{\partial x^i} \tag{3-2-6}$$

基矢量对坐标的导数可以化为

$$\frac{\partial \boldsymbol{e}_j}{\partial u^i} = \frac{\partial^2 \boldsymbol{r}}{\partial x^i \partial x^j} = \frac{\partial^2 \boldsymbol{r}}{\partial x^j \partial x^i} = \frac{\partial \boldsymbol{e}_i}{\partial u^j} \tag{3-2-7}$$

由式(3-2-7)可知，i、j 两个指标是对称的。由于式(3-2-6)和式(3-2-7)是由克里斯多菲符号的定义和基矢量的性质直接推导得出的，因此，i、j 两个指标对于两类克里斯多菲符号 Γ_{ijk} 和 Γ_{ij}^k 都适用。

性质 2 第一类、第二类克里斯多菲符号不是张量的分量。

第一类、第二类克里斯多菲符号不服从张量分量的变换规律。证明如下：

设 Γ_{ijk} 和 $\Gamma_{i'j'k'}$ 分别对应于以 $\boldsymbol{e}_i$ 和 $\boldsymbol{e}_{i'}$ 为基底的坐标系，则式(3-2-8)成立：

$$\boldsymbol{e}_{i'} = \beta_{i'}^p \boldsymbol{e}_p \tag{3-2-8}$$

首先分析第一类克里斯多菲符号，则根据定义有

$$\begin{aligned}
\Gamma_{i'j'k'} &= \frac{\partial \boldsymbol{e}_{i'}}{\partial u^{j'}} \cdot \boldsymbol{e}_{k'} \\
&= \frac{\partial}{\partial u^{j'}}(\beta_{i'}^p \boldsymbol{e}_p) \cdot (\beta_{k'}^r \boldsymbol{e}_r) \\
&= \left(\beta_{i'}^p \frac{\partial \boldsymbol{e}_p}{\partial u^{j'}} + \boldsymbol{e}_p \frac{\partial \beta_{i'}^p}{\partial u^{j'}}\right) \cdot (\beta_{k'}^r \boldsymbol{e}_r)
\end{aligned} \tag{3-2-9}$$

又由链式法则得

$$\frac{\partial \boldsymbol{e}_p}{\partial u^{j'}} = \frac{\partial \boldsymbol{e}_p}{\partial u^q}\frac{\partial u^q}{\partial u^{j'}} = \beta_{j'}^q \frac{\partial \boldsymbol{e}_p}{\partial u^q} \tag{3-2-10}$$

式(3-2-9)可化为

$$\Gamma_{i'j'k'}=\beta_{i'}^{p}\beta_{j'}^{q}\beta_{k'}^{r}\Gamma_{pqr}+\frac{\partial\beta_{i'}^{p}}{\partial u^{j'}}\beta_{k'}^{r}g_{pr} \tag{3-2-11}$$

下面考察第二类克里斯多菲符号的变换情况。

$$\begin{aligned}\Gamma_{i'j'}^{k'}&=\frac{\partial\boldsymbol{e}_{i'}}{\partial u^{j'}}\cdot\boldsymbol{e}^{k'}=\frac{\partial}{\partial u^{j'}}(\beta_{i'}^{p}\boldsymbol{e}_{p})\cdot(\beta_{r}^{k'}\boldsymbol{e}^{r})\\&=\left(\beta_{i'}^{p}\frac{\partial\boldsymbol{e}_{p}}{\partial u^{j'}}+\boldsymbol{e}_{p}\frac{\partial\beta_{i'}^{p}}{\partial u^{j'}}\right)\cdot(\beta_{r}^{k'}\boldsymbol{e}^{r})\\&=\beta_{i'}^{p}\beta_{j'}^{q}\beta_{r}^{k'}\frac{\partial\boldsymbol{e}_{p}}{\partial u^{q}}\cdot\boldsymbol{e}^{r}+\frac{\partial\beta_{i'}^{p}}{\partial u^{j'}}\beta_{r}^{k'}\boldsymbol{e}_{p}\cdot\boldsymbol{e}^{r}\\&=\beta_{i'}^{p}\beta_{j'}^{q}\beta_{r}^{k'}\Gamma_{pq}^{r}+\frac{\partial\beta_{i'}^{p}}{\partial u^{j'}}\beta_{p}^{k'}\end{aligned} \tag{3-2-12}$$

由上面的推导可知，Γ_{ijk} 和 Γ_{ij}^{k} 在进行坐标变换后均会多出一项，不符合张量的分量的性质。同时，注意到在笛卡儿坐标系中，$\Gamma_{ijk}\equiv 0$ 和 $\Gamma_{ij}^{k}\equiv 0$，但是可以证明的是在曲线坐标系中二者并不一定为0。这和张量的性质（如果在某一个坐标系中，张量的各个分量均为0，则在其他一切坐标系中，该张量的分量也必为0）相矛盾。因此，克里斯多菲符号不是张量的分量，不具有张量特性。

性质3　克里斯多菲符号和$\sqrt{g}$对坐标的导数之间的关系为 $\Gamma_{rj}^{r}=\dfrac{\partial(\ln\sqrt{g})}{\partial u^{j}}$

若平行六面体的体积和基矢量的关系式为

$$V=\sqrt{g}=\boldsymbol{e}_{1}\cdot\boldsymbol{e}_{2}\times\boldsymbol{e}_{3} \tag{3-2-13}$$

则其对坐标的导数为

$$\begin{aligned}\frac{\partial\sqrt{g}}{\partial u^{j}}&=\frac{\partial}{\partial u^{j}}(\boldsymbol{e}_{1}\cdot\boldsymbol{e}_{2}\times\boldsymbol{e}_{3})\\&=\frac{\partial\boldsymbol{e}_{1}}{\partial u^{j}}\cdot\boldsymbol{e}_{2}\times\boldsymbol{e}_{3}+\boldsymbol{e}_{1}\cdot\frac{\partial\boldsymbol{e}_{2}}{\partial u^{j}}\times\boldsymbol{e}_{3}+\boldsymbol{e}_{1}\cdot\boldsymbol{e}_{2}\times\frac{\partial\boldsymbol{e}_{3}}{\partial u^{j}}\\&=\Gamma_{j1}^{r}(\boldsymbol{e}_{r}\cdot\boldsymbol{e}_{2}\times\boldsymbol{e}_{3})+\Gamma_{j2}^{r}(\boldsymbol{e}_{1}\cdot\boldsymbol{e}_{r}\times\boldsymbol{e}_{3})+\Gamma_{j3}^{r}(\boldsymbol{e}_{1}\cdot\boldsymbol{e}_{2}\times\boldsymbol{e}_{r})\\&=\Gamma_{j1}^{1}(\boldsymbol{e}_{1}\cdot\boldsymbol{e}_{2}\times\boldsymbol{e}_{3})+\Gamma_{j2}^{2}(\boldsymbol{e}_{1}\cdot\boldsymbol{e}_{2}\times\boldsymbol{e}_{3})+\Gamma_{j3}^{3}(\boldsymbol{e}_{1}\cdot\boldsymbol{e}_{2}\times\boldsymbol{e}_{3})\\&=\Gamma_{rj}^{r}(\boldsymbol{e}_{1}\cdot\boldsymbol{e}_{2}\times\boldsymbol{e}_{3})\\&=\Gamma_{rj}^{r}\sqrt{g}\end{aligned} \tag{3-2-14}$$

由式(3-2-14)可得

$$\Gamma_{rj}^{r}=\frac{1}{\sqrt{g}}\frac{\partial\sqrt{g}}{\partial u^{j}}=\frac{\partial}{\partial u^{j}}(\ln\sqrt{g}) \tag{3-2-15}$$

3.2.3　克里斯多菲符号与度量张量

克里斯多菲符号与度量张量有着很紧密的联系。可以记作

$$\boldsymbol{e}_{i,j}=\frac{\partial\boldsymbol{e}_{i}}{\partial u^{j}} \tag{3-2-16}$$

又因为

$$\boldsymbol{e}_k=g_{kr}\boldsymbol{e}^r \tag{3-2-17a}$$

$$\boldsymbol{e}^k=g^{kr}\boldsymbol{e}_r \tag{3-2-17b}$$

所以有

$$\Gamma_{ijk}=\boldsymbol{e}_{i,j}\cdot\boldsymbol{e}_k=\boldsymbol{e}_{i,j}\cdot g_{kr}\boldsymbol{e}^r=g_{kr}\Gamma_{ij}^r \tag{3-2-18}$$

$$\Gamma_{ij}^k=\boldsymbol{e}_{i,j}\cdot\boldsymbol{e}^k=\boldsymbol{e}_{i,j}\cdot g^{kr}\boldsymbol{e}_r=g^{kr}\Gamma_{ijr} \tag{3-2-19}$$

由式(3-2-18)和式(3-2-19)可知,第一类克里斯多菲符号和第二类克里斯多菲符号之间可以通过度量张量互相联系。度量张量可以在这两类克里斯多菲符号之间起到一个“桥梁”的作用。

由于 i、j 这两个指标的对称性,因此有

$$\boldsymbol{e}_{i,j}=\boldsymbol{e}_{j,i} \tag{3-2-20}$$

另外,根据克里斯多菲符号的定义有

$$\begin{aligned}\Gamma_{ijk}&=\boldsymbol{e}_{i,j}\cdot\boldsymbol{e}_k\\&=\frac{1}{2}(\boldsymbol{e}_{i,j}\cdot\boldsymbol{e}_k+\boldsymbol{e}_{j,i}\cdot\boldsymbol{e}_k)\\&=\frac{1}{2}[(\boldsymbol{e}_i\cdot\boldsymbol{e}_k)_{,j}-\boldsymbol{e}_i\cdot\boldsymbol{e}_{k,j}+(\boldsymbol{e}_j\cdot\boldsymbol{e}_k)_{,i}-\boldsymbol{e}_j\cdot\boldsymbol{e}_{k,i}]\\&=\frac{1}{2}[(\boldsymbol{e}_i\cdot\boldsymbol{e}_k)_{,j}+(\boldsymbol{e}_j\cdot\boldsymbol{e}_k)_{,i}-(\boldsymbol{e}_i\cdot\boldsymbol{e}_j)_{,k}]\\&=\frac{1}{2}(g_{ik,j}+g_{jk,i}-g_{ij,k})\end{aligned} \tag{3-2-21}$$

由式(3-2-19)可得

$$\Gamma_{ij}^k=g^{kr}\Gamma_{ijr}=\frac{1}{2}g^{kr}(g_{jr,i}+g_{ir,j}-g_{ij,r}) \tag{3-2-22}$$

由此可知,克里斯多菲符号可用度量张量的协变分量的偏导数表示。

度量张量不仅有协变分量,还有逆变分量。下面研究度量张量的逆变分量和克里斯多菲符号之间的关系。

度量张量逆变分量对坐标的导数有

$$g_{,k}^{ij}=(\boldsymbol{e}^i\cdot\boldsymbol{e}^j)_{,k}=\boldsymbol{e}_{,k}^i\cdot\boldsymbol{e}^j+\boldsymbol{e}_{,k}^j\cdot\boldsymbol{e}^i \tag{3-2-23}$$

又因为

$$\frac{\partial}{\partial u^j}(\delta_k^i)=0 \tag{3-2-24}$$

展开得

$$(\boldsymbol{e}^i\cdot\boldsymbol{e}_k)_{,j}=\boldsymbol{e}_{,j}^i\cdot\boldsymbol{e}_k+\boldsymbol{e}^i\cdot\boldsymbol{e}_{k,j}=0 \tag{3-2-25}$$

则

$$\boldsymbol{e}_{,j}^i\cdot\boldsymbol{e}_k=-\boldsymbol{e}^i\cdot\boldsymbol{e}_{k,j}=-\Gamma_{kj}^i \tag{3-2-26}$$

考虑到度量张量的定义,有

$$\begin{aligned}\boldsymbol{e}_{,j}^i\cdot\boldsymbol{e}^k&=\boldsymbol{e}_{,j}^i\cdot g^{kr}\boldsymbol{e}_r\\&=g^{kr}(\boldsymbol{e}_{,j}^i\cdot\boldsymbol{e}_r)\\&=-g^{kr}(\boldsymbol{e}^i\cdot\boldsymbol{e}_{r,j})\\&=-g^{kr}\Gamma_{rj}^i\end{aligned} \tag{3-2-27}$$

将式(3-2-26)中第一、三项乘以 $\boldsymbol{e}^k$,得

$$\boldsymbol{e}^i_{,j}=-\Gamma^i_{kj}\boldsymbol{e}^k \tag{3-2-28}$$

转换成第一类克里斯多菲符号,得

$$\boldsymbol{e}^i_{,j}=-g^{ir}\Gamma_{kjr}\boldsymbol{e}^k \tag{3-2-29}$$

则式(3-2-23)写为

$$g^{ij}_{,k}=-(g^{ir}\Gamma_{mkr}\boldsymbol{e}^m)\cdot\boldsymbol{e}^j+(-g^{jm}\Gamma_{rkm}\boldsymbol{e}^r)\cdot\boldsymbol{e}^i \tag{3-2-30}$$

根据式(3-2-27)可将式(3-2-23)写成

$$\begin{aligned}g^{ij}_{,k}&=-g^{jr}\Gamma^i_{rk}-g^{ir}\Gamma^j_{rk}\\&=-(g^{ir}\Gamma^j_{kr}+g^{jr}\Gamma^i_{kr})\end{aligned} \tag{3-2-31}$$

其中,式(3-2-30)和式(3-2-31)就是度量张量的逆变分量和两类克里斯多菲符号的关系式。很显然,该关系式没有协变分量对应的关系式简洁。

例2　设直角坐标系(x^1,x^2,x^3)与曲线坐标系(v,w,z)的关系为

$$x^1=vw,x^2=\frac{1}{2}(v^2+w^2),x^3=z$$

某标量场 ϕ 在直角坐标系中的表达式为 $\phi=x^1x^3+x^2$,求$\nabla\phi$ 在曲线坐标系中的表达式,并求出一般坐标系表达式的 Γ_{ijk} 和 Γ^k_{ij}。

解

$$u^1=v,u^2=w,u^3=z$$

$$\boldsymbol{R}=x^1\boldsymbol{i}_1+x^2\boldsymbol{i}_2+x^3\boldsymbol{i}_3=vw\boldsymbol{i}_1+\frac{1}{2}(v^2+w^2)\boldsymbol{i}_2+z\boldsymbol{i}_3$$

$$\begin{cases}\boldsymbol{e}_1=\dfrac{\partial\boldsymbol{R}}{\partial u^1}=\dfrac{\partial\boldsymbol{R}}{\partial v}=w\boldsymbol{i}_1+v\boldsymbol{i}_2\\[2ex]\boldsymbol{e}_2=\dfrac{\partial\boldsymbol{R}}{\partial u^2}=\dfrac{\partial\boldsymbol{R}}{\partial w}=v\boldsymbol{i}_1+w\boldsymbol{i}_2\\[2ex]\boldsymbol{e}_3=\dfrac{\partial\boldsymbol{R}}{\partial u^3}=\dfrac{\partial\boldsymbol{R}}{\partial z}=\boldsymbol{i}_3\end{cases}$$

$$V=\boldsymbol{e}_1\cdot\boldsymbol{e}_2\times\boldsymbol{e}_3=w^2-v^2$$

$$\begin{cases}\boldsymbol{e}^1=\dfrac{\boldsymbol{e}_2\times\boldsymbol{e}_3}{V}=\dfrac{w\boldsymbol{i}_1-v\boldsymbol{i}_2}{w^2-v^2}\\[2ex]\boldsymbol{e}^2=\dfrac{\boldsymbol{e}_3\times\boldsymbol{e}_1}{V}=\dfrac{-v\boldsymbol{i}_1+w\boldsymbol{i}_2}{w^2-v^2}\\[2ex]\boldsymbol{e}^3=\dfrac{\boldsymbol{e}_1\times\boldsymbol{e}_2}{V}=\boldsymbol{i}_3\end{cases} \tag{1}$$

$$\phi=x_1x_3+x_2=vwz+\frac{1}{2}(v^2+w^2)$$

故

$$\begin{aligned}\nabla\phi&=\frac{\partial\phi}{\partial u^j}\boldsymbol{e}^j\\&=\frac{\partial\phi}{\partial v}\boldsymbol{e}^1+\frac{\partial\phi}{\partial w}\boldsymbol{e}^2+\frac{\partial\phi}{\partial z}\boldsymbol{e}^3\end{aligned}$$

$$=(wz+v)\boldsymbol{e}^1+(vz+w)\boldsymbol{e}^2+vw\boldsymbol{e}^3 \tag{2}$$

若将式(1)代入式(2),整理得

$$\nabla\phi=x^3\boldsymbol{i}_1+\boldsymbol{i}_2+x^1\boldsymbol{i}_3$$

这正是直角坐标系中$\nabla\phi=\nabla(x^1x^3+x^2)$的表达式。

求度量张量,得

$$g_{ij}=(\boldsymbol{e}_i\cdot\boldsymbol{e}_j)=\begin{bmatrix} v^2+w^2 & 2vw & 0 \\ 2vw & v^2+w^2 & 0 \\ 0 & 0 & 1 \end{bmatrix}$$

$$g_{ij}=(\boldsymbol{e}^i\cdot\boldsymbol{e}^j)=\frac{1}{(w^2-v^2)^2}\begin{bmatrix} v^2+w^2 & -2vw & 0 \\ -2vw & v^2+w^2 & 0 \\ 0 & 0 & (w^2-v^2)^2 \end{bmatrix}$$

由 $\Gamma_{ijk}=\boldsymbol{e}_{i,j}\cdot\boldsymbol{e}_k$ 得

$$\Gamma_{111}=v,\Gamma_{121}=\Gamma_{211}=w,\Gamma_{221}=v$$

$$\Gamma_{112}=w,\Gamma_{122}=\Gamma_{212}=v,\Gamma_{222}=w$$

其余 Γ_{ijk} 均为0。

由 $\Gamma_{ij}^k=g^{kr}\Gamma_{ijr}$ 得

$$\Gamma_{11}^1=\frac{v}{v^2-w^2},\Gamma_{12}^1=\Gamma_{21}^2=-\frac{w}{v^2-w^2},\Gamma_{22}^1=\frac{v}{v^2-w^2}$$

$$\Gamma_{11}^2=\frac{w}{v^2-w^2},\Gamma_{12}^2=\Gamma_{21}^2=\frac{v}{v^2-w^2},\Gamma_{22}^2=-\frac{w}{v^2-w^2}$$

其余 Γ_{ij}^k 均为0。

3.3 向量和张量的协变微分

3.3.1 向量的协变微分

一阶张量即向量,是既有方向也有大小的量。在三维空间中引入坐标系后,可以将任一向量$\boldsymbol{A}$用3个数$A_i(i=1,2,3)$唯一确定。向量可以表示为

$$\boldsymbol{A}=A_i\boldsymbol{e}^i=A^i\boldsymbol{e}_i \tag{3-3-1}$$

对式(3-3-1)求偏导,得

$$\frac{\partial\boldsymbol{A}}{\partial u^j}=\frac{\partial}{\partial u^j}(A_i\boldsymbol{e}^i)=\frac{\partial}{\partial u^j}(A^i\boldsymbol{e}_i) \tag{3-3-2}$$

式(3-3-2)可化为

$$\frac{\partial\boldsymbol{A}}{\partial u^j}=\frac{\partial A_i}{\partial u^j}\boldsymbol{e}^i+A_i\frac{\partial\boldsymbol{e}^i}{\partial u^j} \tag{3-3-3a}$$

$$\frac{\partial\boldsymbol{A}}{\partial u^j}=\frac{\partial A^i}{\partial u^j}\boldsymbol{e}_i+A^i\frac{\partial\boldsymbol{e}_i}{\partial u^j} \tag{3-3-3b}$$

当j值固定时,$\dfrac{\partial\boldsymbol{A}}{\partial u^j}$可视为一个矢量,其方向性来自向量$\boldsymbol{A}$。将偏导用协变分量和逆变分

量表示如下：

$$\frac{\partial \boldsymbol{A}}{\partial u^j}=A_k\mid_j \boldsymbol{e}^k \tag{3-3-4a}$$

$$\frac{\partial \boldsymbol{A}}{\partial u^j}=A^k\mid_j \boldsymbol{e}_k \tag{3-3-4b}$$

由式(3-3-4a)和式(3-3-4b)得

$$A_k\mid_j=\frac{\partial \boldsymbol{A}}{\partial u^j}\cdot \boldsymbol{e}_k=\frac{\partial A_k}{\partial u^j}+A_i\frac{\partial \boldsymbol{e}^i}{\partial u^j}\cdot \boldsymbol{e}_k \tag{3-3-5}$$

$$A^k\mid_j=\frac{\partial \boldsymbol{A}}{\partial u^j}\cdot \boldsymbol{e}^k=\frac{\partial A^k}{\partial u^j}+A^i\frac{\partial \boldsymbol{e}_i}{\partial u^j}\cdot \boldsymbol{e}^k \tag{3-3-6}$$

为了和使用习惯相统一，将 i 和 k 改换指标得

$$A_i\mid_j=\frac{\partial \boldsymbol{A}}{\partial u^j}\cdot \boldsymbol{e}_i=\frac{\partial A_i}{\partial u^j}+A_k\frac{\partial \boldsymbol{e}^k}{\partial u^j}\cdot \boldsymbol{e}_i \tag{3-3-7}$$

$$A^i\mid_j=\frac{\partial \boldsymbol{A}}{\partial u^j}\cdot \boldsymbol{e}^i=\frac{\partial A^i}{\partial u^j}+A^k\frac{\partial \boldsymbol{e}_k}{\partial u^j}\cdot \boldsymbol{e}^i \tag{3-3-8}$$

当 j 值不固定时，j 可以取值 1,2,3。$\frac{\partial \boldsymbol{A}}{\partial u^j}$则代表 3 个矢量，分别对应于 j 取 1,2,3 时的 3 个矢量，则 $A_i\mid_j$和 $A^i\mid_j$代表 9 个分量。因为求导指标为协变指标（下标），所以这些分量被称为矢量分量 A_i 和 A^i 对坐标 u^j 的协变导数。

由式(3-2-19)和式(3-2-26)得

$$\boldsymbol{e}_{k,j}\cdot \boldsymbol{e}^i=\Gamma^i_{kj} \tag{3-3-9}$$

$$\boldsymbol{e}^k_{,j}\cdot \boldsymbol{e}_i=-\Gamma^k_{ij} \tag{3-3-10}$$

则协变分量和逆变分量的表达式可写成

$$A_i\mid_j=A_{i,j}-A_k\Gamma^k_{ij} \tag{3-3-11}$$

$$A^i\mid_j=A^i_{,j}+A^k\Gamma^i_{kj} \tag{3-3-12}$$

由此可知，向量的协变微分不仅包含分量改变的一项，也包含局部基矢量改变的一项。附加项$-A_k\Gamma^k_{ij}$、$A^k\Gamma^i_{kj}$ 就是由于基矢量改变而产生的。在曲线坐标系中，基矢量是会改变的，其对坐标的导数不为 0。如果基矢量不改变（如在笛卡儿坐标系中，基矢量是固定不变的），第二项的值就为 0。这时协变导数 $A_i\mid_j$和 $A^i\mid_j$可以简化为 $A_{i,j}$、$A^i_{,j}$。矢量 $\boldsymbol{A}$ 对坐标 u^j 的偏导数的分量就是矢量分量 A_i 和 A^i 对坐标 u^j 的偏导数。

设在以 $\boldsymbol{e}_{i'}$（或 $\boldsymbol{e}^{i'}$）为基底的坐标系中，$\frac{\partial \boldsymbol{A}}{\partial u^{j'}}$的协变分量和逆变分量分别为 $A_{i'}\mid_{j'}$和 $A^{i'}\mid_{j'}$（带有“′”的为新坐标系中的量）。下面考察这两种分量的张量特性。

由式(3-3-11)得

$$\begin{aligned}A_{i'}\mid_{j'}&=\frac{\partial A_{i'}}{\partial u^{j'}}-A_{k'}\Gamma^{k'}_{i'j'}\\&=\frac{\partial}{\partial u^{j'}}(\beta^p_{i'}A_p)-\beta^r_{k'}A_r\Gamma^{k'}_{i'j'}\\&=\beta^p_{i'}\frac{\partial A_p}{\partial u^{j'}}+\frac{\partial \beta^p_{i'}}{\partial u^{j'}}A_p-\beta^r_{k'}A_r\left(\beta^p_{i'}\beta^q_{j'}\beta^{k'}_s\Gamma^s_{pq}+\frac{\partial \beta^p_{i'}}{\partial u^{j'}}\beta^{k'}_p\right)\end{aligned}$$

$$=\beta_{i'}^{p}\frac{\partial A_p}{\partial u^{j'}}+\frac{\partial \beta_{i'}^{p}}{\partial u^{j'}}A_p-\beta_{k'}^{r}\beta_{i'}^{p}\beta_{j'}^{q}\beta_{s}^{k'}A_r\Gamma_{pq}^{s}-\beta_{k'}^{r}\beta_{p}^{k'}A_r\frac{\partial \beta_{i'}^{p}}{\partial u^{j'}} \tag{3-3-13}$$

又由于

$$\beta_{k'}^{r}\beta_{s}^{k'}=\delta_{s}^{r} \tag{3-3-14a}$$

$$\beta_{k'}^{r}\beta_{p}^{k'}=\delta_{p}^{r} \tag{3-3-14b}$$

因此

$$A_{i'}|_{j'}=\beta_{i'}^{p}\frac{\partial A_p}{\partial u^{j'}}+\frac{\partial \beta_{i'}^{p}}{\partial u^{j'}}A_p-\beta_{i'}^{p}\beta_{j'}^{q}A_r\Gamma_{pq}^{r}-A_p\frac{\partial \beta_{i'}^{p}}{\partial u^{j'}}$$

$$=\beta_{i'}^{p}\frac{\partial A_p}{\partial u^{j'}}-\beta_{i'}^{p}\beta_{j'}^{q}A_r\Gamma_{pq}^{r} \tag{3-3-15}$$

又因为有

$$\frac{\partial}{\partial u^{j'}}=\frac{\partial}{\partial u^{q}}\frac{\partial u^{q}}{\partial u^{j'}}=\beta_{j'}^{q}\frac{\partial}{\partial u^{q}} \tag{3-3-16}$$

所以

$$A_{i'}|_{j'}=\beta_{i'}^{p}\beta_{j'}^{q}(A_{p,q}-A_r\Gamma_{pq}^{r})=\beta_{i'}^{p}\beta_{j'}^{q}A_p|_q \tag{3-3-17}$$

同理,可以证明

$$A^{i'}|_{j'}=\beta_{p}^{i'}\beta_{j'}^{q}(A_{,q}^{p}+A^{r}\Gamma_{rq}^{p})=\beta_{p}^{i'}\beta_{j'}^{q}A^{p}|_q \tag{3-3-18}$$

因此,$A_i|_j$和$A^i|_j$分别是二阶张量的协变分量和混合分量,满足张量的变化性质。但是值得注意的是,矢量 $\boldsymbol{A}$ 对坐标的偏导数的协变分量和逆变分量满足张量的变化性质,那么矢量 $\boldsymbol{A}$ 对坐标 u^j 的偏导数是否也满足这个变化性质呢?下面探讨矢量 $\boldsymbol{A}$ 对坐标 u^j 的偏导数是否满足张量的变化性质。

由前文可知

$$A_{i,j}=\frac{\partial A_i}{\partial u^j},A_{,j}^{i}=\frac{\partial A^i}{\partial u^j} \tag{3-3-19}$$

考虑其坐标变换情况(加“′”为新坐标系中),有

$$\begin{aligned}A_{i',j'}&=\frac{\partial A_{i'}}{\partial u^{j'}}\\&=\frac{\partial}{\partial u^{j'}}(\beta_{i'}^{p}A_p)\\&=\beta_{i'}^{p}\frac{\partial A_p}{\partial u^{j'}}+A_p\frac{\partial \beta_{i'}^{p}}{\partial u^{j'}}\\&=\beta_{i'}^{p}\beta_{j'}^{q}\frac{\partial A_p}{\partial u^{q}}+\frac{\partial \beta_{i'}^{p}}{\partial u^{j'}}A_p\\&=\beta_{i'}^{p}\beta_{j'}^{q}A_{p,q}+\frac{\partial \beta_{i'}^{p}}{\partial u^{j'}}A_p\end{aligned} \tag{3-3-20}$$

同理可知

$$A_{,j'}^{i'}=\beta_{p}^{i'}\beta_{j'}^{q}A_{,q}^{p}+\frac{\partial \beta_{p}^{i'}}{\partial u^{j'}}A^{p} \tag{3-3-21}$$

因此,矢量 $\boldsymbol{A}$ 对坐标 u^j 的偏导数不满足张量的变化性质。

前文提到,向量的协变微分不仅包含分量改变的一项,也包含局部基矢量改变的一项。具体来说就是前一项是 A_i 或 A^i 对 u^j 的变化率,后一项反映 $\boldsymbol{e}_i$ 或 $\boldsymbol{e}^i$ 对 u^j 的变化率所产生的影响。在求矢量的协变微分时,基矢量对坐标的变化率在坐标变化时可以消除式(3-3-20)和式(3-3-21)的第二项,从而保证矢量的协变微分的张量特性。但是对于矢量的偏导数来说,在曲线坐标系中都会有一个“尾巴”,破坏张量的运算特性。但是在笛卡儿坐标系中,基矢量为定值,基矢量对坐标的偏导数恒为 0。

此时,由式(3-3-11)、式(3-3-12)得

$$A_i\big|_j = A_{i,j} \tag{3-3-22a}$$

$$A^i\big|_j = A^i_{,j} \tag{3-3-22b}$$

即在笛卡儿坐标系中,矢量的偏导数就是其协变导数。而在曲线坐标系中,由于基矢量的变化,矢量的偏导数不等于协变导数,并且协变导数具有张量特性,偏导数不具有张量特性,不能进行张量性质运算。此时,矢量的偏导数和协变导数需要区分开来。

3.3.2　张量的协变微分

下面讨论张量的协变微分。向量的协变微分可以推广到张量上。首先分析二阶微分。设 A_{ij} 和 $A_{i'j'}$ 分别为二阶张量 $\boldsymbol{A}$ 在坐标系 u^i 和 $u^{i'}$ 中的协变分量,根据张量的定义有

$$A_{i'j'} = \beta^p_{i'}\beta^q_{j'}A_{pq} = \frac{\partial u^p}{\partial u^{i'}}\frac{\partial u^q}{\partial u^{j'}}A_{pq} \tag{3-3-23}$$

将式(3-3-23)对 $u^{k'}$ 求偏导,得

$$\begin{aligned}\frac{\partial A_{i'j'}}{\partial u^{k'}} &= \frac{\partial}{\partial u^{k'}}(\beta^p_{i'}\beta^q_{j'}A_{pq})\\ &= \beta^p_{i'}\beta^q_{j'}\frac{\partial A_{pq}}{\partial u^{k'}} + \frac{\partial(\beta^p_{i'}\beta^q_{j'})}{\partial u^{k'}}A_{pq}\\ &= \beta^p_{i'}\beta^q_{j'}\beta^r_{k'}\frac{\partial A_{pq}}{\partial u^r} + \frac{\partial \beta^p_{i'}}{\partial u^{k'}}\beta^q_{j'}A_{pq} + \frac{\partial \beta^q_{j'}}{\partial u^{k'}}\beta^p_{i'}A_{pq}\end{aligned} \tag{3-3-24}$$

先分析式(3-3-24)的第二项。

$$\begin{aligned}\Gamma^{m'}_{i'k'}A_{m'j'} &= \left(\beta^p_{i'}\beta^r_{k'}\beta^{m'}_s\Gamma^s_{pr} + \frac{\partial \beta^p_{i'}}{\partial u^{k'}}\beta^{m'}_p\right)\beta^n_{m'}\beta^q_{j'}A_{nq}\\ &= \beta^p_{i'}\beta^r_{k'}\beta^q_{j'}\delta^n_s\Gamma^s_{pr}A_{nq} + \frac{\partial \beta^p_{i'}}{\partial u^{k'}}\beta^q_{j'}\delta^n_pA_{nq}\\ &= \beta^p_{i'}\beta^r_{k'}\beta^q_{j'}\Gamma^s_{pr}A_{sq} + \frac{\partial \beta^p_{i'}}{\partial u^{k'}}\beta^q_{j'}A_{pq}\end{aligned} \tag{3-3-25}$$

由式(3-3-25)可知,

$$\frac{\partial \beta^p_{i'}}{\partial u^{k'}}\beta^q_{j'}A_{pq} = \Gamma^{m'}_{i'k'}A_{m'j'} - \beta^p_{i'}\beta^r_{k'}\beta^q_{j'}\Gamma^s_{pr}A_{sq} \tag{3-3-26}$$

同理有

$$\Gamma^{m'}_{j'k'}A_{m'i'} = \left(\beta^q_{j'}\beta^r_{k'}\beta^{m'}_s\Gamma^s_{qr} + \frac{\partial \beta^q_{j'}}{\partial u^{k'}}\beta^{m'}_q\right)\beta^n_{m'}\beta^p_{i'}A_{np}$$

$$=\beta^q_{j'}\beta^r_{k'}\beta^p_{i'}\delta^n_s\Gamma^s_{qr}A_{np}+\frac{\partial\beta^q_{j'}}{\partial u^{k'}}\beta^p_{i'}\delta^n_qA_{np}$$

$$=\beta^q_{j'}\beta^r_{k'}\beta^p_{i'}\Gamma^s_{qr}A_{sp}+\frac{\partial\beta^q_{j'}}{\partial u^{k'}}\beta^p_{i'}A_{pq} \tag{3-3-27}$$

则有

$$\frac{\partial\beta^q_{j'}}{\partial u^{k'}}\beta^p_{i'}A_{pq}=\Gamma^{m'}_{j'k'}A_{m'i'}-\beta^q_{j'}\beta^r_{k'}\beta^p_{i'}\Gamma^s_{qr}A_{sp} \tag{3-3-28}$$

将式(3-3-26)和式(3-3-28)代入式(3-3-24),得

$$\frac{\partial A_{i'j'}}{\partial u^{k'}}=\beta^p_{i'}\beta^q_{j'}\beta^r_{k'}\frac{\partial A_{pq}}{\partial u^r}+\frac{\partial\beta^p_{i'}}{\partial u^{k'}}\beta^q_{j'}A_{pq}+\frac{\partial\beta^q_{j'}}{\partial u^{k'}}\beta^p_{i'}A_{pq}$$

$$=\beta^p_{i'}\beta^q_{j'}\beta^r_{k'}\frac{\partial A_{pq}}{\partial u^r}+\Gamma^{m'}_{i'k'}A_{m'j'}-\beta^p_{i'}\beta^r_{k'}\beta^q_{j'}\Gamma^s_{pr}A_{sq}+\Gamma^{m'}_{j'k'}A_{m'i'}-\beta^q_{j'}\beta^r_{k'}\beta^p_{i'}\Gamma^s_{qr}A_{sp}$$

$$=\beta^p_{i'}\beta^q_{j'}\beta^r_{k'}\left(\frac{\partial A_{pq}}{\partial u^r}-\Gamma^s_{pr}A_{sq}-\Gamma^s_{qr}A_{sp}\right)+\Gamma^{m'}_{i'k'}A_{m'j'}+\Gamma^{m'}_{j'k'}A_{m'i'} \tag{3-3-29}$$

变形得

$$\left(\frac{\partial A_{i'j'}}{\partial u^{k'}}-\Gamma^{m'}_{i'k'}A_{m'j'}-\Gamma^{m'}_{j'k'}A_{m'i'}\right)=\beta^p_{i'}\beta^q_{j'}\beta^r_{k'}\left(\frac{\partial A_{pq}}{\partial u^r}-\Gamma^s_{pr}A_{sq}-\Gamma^s_{qr}A_{ps}\right) \tag{3-3-30}$$

由式(3-3-29)可知,$A_{ij,k}$(二阶张量对坐标的微分)不具有张量的运算性质,不是张量的分量。但是经过变形为式(3-3-30)后,可以发现括号内的 3 项总体上可以满足张量的运算性质。因此,令

$$A_{ij}|_k=A_{ij,k}-\Gamma^m_{ik}A_{mj}-\Gamma^m_{jk}A_{im} \tag{3-3-31a}$$

式中,符号 $A_{ij}|_k$ 表示二阶张量分量 A_{ij} 对 u^k 的协变导数。同理,有以下等式成立:

$$A^{ij}|_k=A^{ij}_{,k}+\Gamma^i_{mk}A^{mj}+\Gamma^j_{mk}A^{im} \tag{3-3-31b}$$

$$A^j_i|_k=A^j_{i,k}-\Gamma^m_{ik}A^j_m+\Gamma^j_{mk}A^m_i \tag{3-3-31c}$$

$$A^i_j|_k=A^i_{j,k}+\Gamma^i_{mk}A^m_j-\Gamma^m_{jk}A^i_m \tag{3-3-31d}$$

以上是二阶张量分量的协变导数。将以上规律推广到更高的阶数:

$$A_{ijs}|_k=A_{ijs,k}-\Gamma^m_{ik}A_{mjs}-\Gamma^m_{jk}A_{ims}-\Gamma^m_{sk}A_{ijm} \tag{3-3-32a}$$

$$A^{ijs}|_k=A^{ijs}_{,k}+\Gamma^i_{mk}A^{mjs}+\Gamma^j_{mk}A^{ims}+\Gamma^s_{mk}A^{ijm} \tag{3-3-32b}$$

$$A^{ij}_s|_k=A^{ij}_{s,k}+\Gamma^i_{mk}A^{mj}_s+\Gamma^j_{mk}A^{im}_s-\Gamma^m_{sk}A^{ij}_m \tag{3-3-32c}$$

$$A^{js}_i|_k=A^{js}_{i,k}-\Gamma^m_{ik}A^{js}_m+\Gamma^j_{mk}A^{ms}_i+\Gamma^s_{mk}A^{jm}_i \tag{3-3-32d}$$

容易证明,任意 m 阶张量对坐标 u^k 的协变导数共有 $m+1$ 项,第一项是对坐标 u^k 的偏导数,其余每一项都是由张量的分量乘以第二类克里斯多菲符号。依次把张量分量的每一个指标都与克里斯多菲符号的相对指标求和(满足曲线坐标系中的求和约定。求和即为哑标上下相对而立、保持一致)。同时,第一项偏导数项系数为正,其他项的正负号可以参考哑标的位置。哑标若为张量分量的协变指标(下标)则取负号;反之,则取正号。值得一提的是,m 阶张量对坐标 u^k 的协变导数是 $m+1$ 阶张量。显然,前文所述二阶和三阶张量可以验证这一结论。

例 1 求柱面坐标系(r,θ,z)的局部基底 $\boldsymbol{e}_i$、局部倒易基 $\boldsymbol{e}^i$,协变度量张量 $\boldsymbol{g}_{ij}$ 和逆变度量张量 $\boldsymbol{g}^{ij}$,第一类和第二类克里斯多菲符号 Γ_{ijk} 和 Γ^k_{ij},并求出 $\boldsymbol{A}=2\sin\theta\boldsymbol{e}^1+r\cos\theta\boldsymbol{e}^2+z\boldsymbol{e}^3$ 时

的$A_i|_j$、$A^i|_j$ 及散度 $\nabla \cdot \boldsymbol{A}$。

解 柱面坐标系 u^k 和直角坐标系 x^k 可分别表示为

$$u^1=r=\sqrt{(x^1)^2+(x^2)^2},u^2=\theta=\arctan\frac{x^2}{x^1},u^3=z=x^3$$

$$x^1=r\cos\theta,x^2=r\sin\theta,x^3=z$$

局部基底 $\boldsymbol{e}_i$ 和局部倒易基 $\boldsymbol{e}^i$ 为

$$\boldsymbol{e}_i=\left[\frac{\partial x^j}{\partial u^i}\right][\boldsymbol{i}_j]=\begin{bmatrix}\cos\theta & \sin\theta & 0\\ -r\sin\theta & r\cos\theta & 0\\ 0 & 0 & 1\end{bmatrix}\begin{bmatrix}\boldsymbol{i}_1\\ \boldsymbol{i}_2\\ \boldsymbol{i}_3\end{bmatrix}=\begin{bmatrix}\cos\theta\boldsymbol{i}_1+\sin\theta\boldsymbol{i}_2\\ -r\sin\theta\boldsymbol{i}_1+r\cos\theta\boldsymbol{i}_2\\ \boldsymbol{i}_3\end{bmatrix}$$

$$\boldsymbol{e}^i=\left[\frac{\partial u^i}{\partial x^j}\right][\boldsymbol{i}_j]=\begin{bmatrix}\cos\theta & \sin\theta & 0\\ -\dfrac{\sin\theta}{r} & \dfrac{\cos\theta}{r} & 0\\ 0 & 0 & 1\end{bmatrix}\begin{bmatrix}\boldsymbol{i}_1\\ \boldsymbol{i}_2\\ \boldsymbol{i}_3\end{bmatrix}=\begin{bmatrix}\cos\theta\boldsymbol{i}_1+\sin\theta\boldsymbol{i}_2\\ -\dfrac{\sin\theta}{r}\boldsymbol{i}_1+\dfrac{\cos\theta}{r}\boldsymbol{i}_2\\ \boldsymbol{i}_3\end{bmatrix}$$

则

$$g_{ij}=(\boldsymbol{e}_i\cdot\boldsymbol{e}_j)=\begin{bmatrix}1 & 0 & 0\\ 0 & r^2 & 0\\ 0 & 0 & 1\end{bmatrix},g=\det\boldsymbol{g}_{ij}=r^2$$

$$g^{ij}=(\boldsymbol{e}^i\cdot\boldsymbol{e}^j)=\begin{bmatrix}1 & 0 & 0\\ 0 & \dfrac{1}{r^2} & 0\\ 0 & 0 & 1\end{bmatrix}$$

由于

$$\Gamma_{ijk}=\frac{1}{2}(g_{jk,i}+g_{ki,j}-g_{ij,k})$$

所以

$$\Gamma_{221}=-r,\Gamma_{122}=\Gamma_{212}=r,\text{其余 }\Gamma_{ijk}=0$$

$$\Gamma_{ij}^k=\Gamma_{ij\lambda}g^{\lambda k}$$

$$\Gamma_{22}^1=-r,\Gamma_{12}^2=\Gamma_{21}^2=\frac{1}{r},\text{其余 }\Gamma_{ij}^k=0$$

$$A_i|_j=A_{i,j}-A_k\Gamma_{ij}^k$$

$$(A_i|_j)=\begin{bmatrix}A_1|_1 & A_1|_2 & A_1|_3\\ A_2|_1 & A_2|_2 & A_2|_3\\ A_3|_1 & A_3|_2 & A_3|_3\end{bmatrix}=\begin{bmatrix}0 & \cos\theta & 0\\ 0 & -r\sin\theta & 0\\ 0 & 0 & 1\end{bmatrix}$$

$$A^i=g^{ik}A_k$$

所以

$$A^1=2\sin\theta,A^2=\frac{\cos\theta}{r},A^3=z$$

$$A^i|_j=A^i{}_{,j}+A^k\Gamma_{kj}^i$$

$$(A^i|_j)=\begin{bmatrix} A^1|_1 & A^1|_2 & A^1|_3 \\ A^2|_1 & A^2|_2 & A^2|_3 \\ A^3|_1 & A^3|_2 & A^3|_3 \end{bmatrix}=\begin{bmatrix} 0 & \cos\theta & 0 \\ 0 & \dfrac{\sin\theta}{r} & 0 \\ 0 & 0 & 1 \end{bmatrix}$$

$$\boldsymbol{\nabla}\cdot\boldsymbol{A}=A^i|_i=1+\frac{\sin\theta}{r}$$

或

$$\boldsymbol{\nabla}\cdot\boldsymbol{A}=\frac{1}{\sqrt{g}}\frac{\partial(\sqrt{g}A^k)}{\partial u^k}=1+\frac{\sin\theta}{r}$$

3.3.3 张量的协变导数的相关性质

性质 1 张量和的协变导数或张量积(内积或外积)的协变导数,其运算法则与普通偏导数的运算法则相同。

具体来说如下所示:

$$(A_{ij}+B_{ij})|_k=A_{ij}|_k+B_{ij}|_k \tag{3-3-33}$$

$$(A_iB_j)|_k=A_i|_kB_j+A_iB_j|_k \tag{3-3-34}$$

$$(T_{ij}B^j)|_k=T_{ij}|_kB^j+T_{ij}B^j|_k \tag{3-3-35}$$

证明

(1)考虑式(3-3-33),即张量和的协变导数。

令 $A_{ij}+B_{ij}=C_{ij}$,则由前文可知

$$C_{ij}|_k=C_{ij,k}-\Gamma_{ik}^mC_{mj}-\Gamma_{jk}^mC_{im} \tag{3-3-36}$$

代入得

$$\begin{aligned} C_{ij}|_k &=(A_{ij}+B_{ij})_{,k}-\Gamma_{ik}^m(A_{mj}+B_{mj})-\Gamma_{jk}^m(A_{im}+B_{im}) \\ &=(A_{ij,k}-\Gamma_{ik}^mA_{mj}-\Gamma_{jk}^mA_{im})+(B_{ij,k}-\Gamma_{ik}^mB_{mj}-\Gamma_{jk}^mB_{im}) \\ &=A_{ij}|_k+B_{ij}|_k \end{aligned} \tag{3-3-37}$$

即证式(3-3-33)成立。

(2)考虑式(3-3-34),令 $A_iB_j=T_{ij}$,有

$$\begin{aligned} T_{ij}|_k &=T_{ij,k}-\Gamma_{ik}^mT_{mj}-\Gamma_{jk}^mT_{im} \\ &=(A_iB_j)_{,k}-\Gamma_{ik}^m(A_mB_j)-\Gamma_{jk}^m(A_iB_m) \\ &=A_{i,k}B_j+A_iB_{j,k}-\Gamma_{ik}^mA_mB_j-\Gamma_{jk}^mA_iB_m \\ &=(A_{i,k}-\Gamma_{ik}^mA_m)B_j+(B_{j,k}-\Gamma_{jk}^mB_m)A_i \\ &=A_i|_kB_j+A_iB_j|_k \end{aligned} \tag{3-3-38}$$

即证式(3-3-34)成立。

(3)考虑式(3-3-35),令 $T_{ij}B^j=A_i$,有

$$T_{ij,k}=T_{ij}|_k+\Gamma_{ik}^mT_{mj}+\Gamma_{jk}^mT_{im} \tag{3-3-39}$$

$$B^j_{,k}=B^j|_k-\Gamma_{mk}^jB^m \tag{3-3-40}$$

所以有

$$\begin{aligned} A_i|_k &=A_{i,k}-\Gamma_{ik}^mA_m \\ &=(T_{ij}B^j)_{,k}-\Gamma_{ik}^m(T_{mj}B^j) \end{aligned}$$

$$=T_{ij,k}B^j+T_{ij}B^j_{,k}-\Gamma^m_{ik}T_{mj}B^j \tag{3-3-41}$$

即证式(3-3-35)成立。

考虑到度量张量为一种二阶对称张量,故其协变导数也满足上述性质。但是其本身也具有一定特性。下面介绍其协变导数的性质。

性质 2　度量张量的协变导数为 0。

证明

由式(3-3-31)得

$$\begin{aligned}g_{ij}|_k&=g_{ij,k}-\Gamma^m_{ik}g_{mj}-\Gamma^m_{jk}g_{im}\\&=g_{ij,k}-\Gamma_{ikj}-\Gamma_{jki}\end{aligned} \tag{3-3-42}$$

由式(3-2-21)得

$$\Gamma_{ijk}=\frac{1}{2}(g_{ik,j}+g_{jk,i}-g_{ij,k})$$

k、j 指标互换得

$$\Gamma_{ikj}=\frac{1}{2}(g_{ij,k}+g_{kj,i}-g_{ik,j}) \tag{3-3-43}$$

所以,$\Gamma_{ijk}+\Gamma_{ikj}=g_{jk,i}$。

通过改换指标可得

$$g_{ij,k}=\Gamma_{kji}+\Gamma_{kij} \tag{3-3-44}$$

因此

$$g_{ij}|_k=0 \tag{3-3-45a}$$

同理

$$g^{ij}|_k=0 \tag{3-3-45b}$$

式(3-3-45)被称为里奇(Ricci)定理。

性质 3　置换张量 $\in$ 的分量的协变导数恒为 0。

证明

(1)在欧几里得空间内,可以取笛卡儿坐标系。

在笛卡儿坐标系内,有

$$\in^{ijk}=0,\pm1 \tag{3-3-46}$$

则有

$$\in^{ijk}|_l=0 \tag{3-3-47}$$

又因为 $\in^{ijk}|_l$ 是张量 $\boldsymbol{\nabla e}$ 的分量,故 $\in^{ijk}|_l=0$ 在任何一个坐标系内成立。

同理,有

$$\in_{ijk}|_l=0 \tag{3-3-48}$$

(2)在非欧几里得空间内,则有($\boldsymbol{\nabla}\in$ 表示置换张量的梯度,以下推导中符号[ ]为混合积,$[\boldsymbol{uvw}]=\boldsymbol{u}\cdot(\boldsymbol{v}\times\boldsymbol{w})$)

$$\begin{aligned}\boldsymbol{\nabla}\in&=\boldsymbol{e}^l\frac{\partial\in}{\partial u^l}=\boldsymbol{e}^l\frac{\partial(\in^{ijk}\boldsymbol{e}_i\boldsymbol{e}_j\boldsymbol{e}_k)}{\partial u^l}\\&=\boldsymbol{e}^l\frac{\partial}{\partial u^l}([\boldsymbol{e}^i\boldsymbol{e}^j\boldsymbol{e}^k]\boldsymbol{e}_i\boldsymbol{e}_j\boldsymbol{e}_k)\end{aligned}$$

$$
\begin{aligned}
&=\boldsymbol{e}^l\Big\{\Big(\Big[\frac{\partial \boldsymbol{e}^i}{\partial u^l}\boldsymbol{e}^j\boldsymbol{e}^k\Big]+\Big[\boldsymbol{e}^i\frac{\partial \boldsymbol{e}^j}{\partial u^l}\boldsymbol{e}^k\Big]+\Big[\boldsymbol{e}^i\boldsymbol{e}^j\frac{\partial \boldsymbol{e}^k}{\partial u^l}\Big]\Big)\boldsymbol{e}_i\boldsymbol{e}_j\boldsymbol{e}_k+\\
&\quad[\boldsymbol{e}^i\boldsymbol{e}^j\boldsymbol{e}^k]\Big(\frac{\partial \boldsymbol{e}_i}{\partial u^l}\boldsymbol{e}_j\boldsymbol{e}_k+\boldsymbol{e}_i\frac{\partial \boldsymbol{e}_j}{\partial u^l}\boldsymbol{e}_k+\boldsymbol{e}_i\boldsymbol{e}_j\frac{\partial \boldsymbol{e}_k}{\partial u^l}\Big)\Big\}\\
&=\boldsymbol{e}^l\{([-\Gamma^i_{lm}\boldsymbol{e}^m\boldsymbol{e}^j\boldsymbol{e}^k]-[\boldsymbol{e}^i\Gamma^j_{lm}\boldsymbol{e}^m\boldsymbol{e}^k]-[\boldsymbol{e}^i\boldsymbol{e}^j\Gamma^k_{lm}\boldsymbol{e}^m])\boldsymbol{e}_i\boldsymbol{e}_j\boldsymbol{e}_k+\\
&\quad[\boldsymbol{e}^i\boldsymbol{e}^j\boldsymbol{e}^k](\Gamma^m_{li}\boldsymbol{e}_m\boldsymbol{e}_j\boldsymbol{e}_k+\Gamma^m_{lj}\boldsymbol{e}_i\boldsymbol{e}_m\boldsymbol{e}_k+\Gamma^m_{lk}\boldsymbol{e}_i\boldsymbol{e}_j\boldsymbol{e}_m)\}\\
&=\boldsymbol{e}^l\{(-\Gamma^i_{lm}[\boldsymbol{e}^m\boldsymbol{e}^j\boldsymbol{e}^k]-\Gamma^j_{lm}[\boldsymbol{e}^i\boldsymbol{e}^m\boldsymbol{e}^k]-\Gamma^k_{lm}[\boldsymbol{e}^i\boldsymbol{e}^j\boldsymbol{e}^m])\boldsymbol{e}_i\boldsymbol{e}_j\boldsymbol{e}_k+\\
&\quad([\boldsymbol{e}^m\boldsymbol{e}^j\boldsymbol{e}^k]\Gamma^i_{lm}+[\boldsymbol{e}^i\boldsymbol{e}^m\boldsymbol{e}^k]\Gamma^j_{lm}+[\boldsymbol{e}^m\boldsymbol{e}^j\boldsymbol{e}^k]\Gamma^k_{lm})\boldsymbol{e}_i\boldsymbol{e}_j\boldsymbol{e}_k\}\\
&=0
\end{aligned}
\tag{3-3-49}
$$

又因为零张量在任意坐标系内的分量均应为0，所以$\in^{ijk}|_l=0$和$\in_{ijk}|_l=0$成立。

性质4 若黎曼-克里斯多菲张量为0，则协变导数的求导顺序遵循交换律。（此处只讨论在欧几里得空间内。）

证明

在欧几里得空间内，首先考察一个矢量$\boldsymbol{A}$，有

$$A_i|_j=A_{i,j}-\Gamma^m_{ij}A_m \tag{3-3-50}$$

将式(3-3-50)对坐标u^k求协变导数，有

$$A_i|_{jk}=(A_i|_j)|_k=(A_i|_j)_{,k}-\Gamma^r_{ik}(A_r|_j)-\Gamma^r_{jk}(A_i|_r) \tag{3-3-51}$$

联立式(3-3-50)和式(3-3-51)得

$$A_i|_{jk}=(A_{i,j}-\Gamma^m_{ij}A_m)_{,k}-\Gamma^r_{ik}(A_{r,j}-\Gamma^m_{rj}A_m)-\Gamma^r_{jk}(A_{i,r}-\Gamma^m_{ir}A_m) \tag{3-3-52}$$

将j、k指标互换得

$$A_i|_{kj}=(A_{i,k}-\Gamma^m_{ik}A_m)_{,j}-\Gamma^r_{ij}(A_{r,k}-\Gamma^m_{rk}A_m)-\Gamma^r_{kj}(A_{i,r}-\Gamma^m_{ir}A_m) \tag{3-3-53}$$

则

$$
\begin{aligned}
A_i|_{jk}-A_i|_{kj}=&[A_{i,jk}-(\Gamma^m_{ij})_{,k}A_m-\Gamma^m_{ij}A_{m,k}-\Gamma^r_{ik}A_{r,j}+\Gamma^r_{ik}\Gamma^m_{rj}A_m-\Gamma^r_{jk}A_{i,r}+\\
&\Gamma^r_{jk}\Gamma^m_{ir}A_m]-[A_{i,kj}-(\Gamma^m_{ik})_{,j}A_m-\Gamma^m_{ik}A_{m,j}-\Gamma^r_{ij}A_{r,k}+\Gamma^r_{ij}\Gamma^m_{rk}A_m-\\
&\Gamma^r_{kj}A_{i,r}+\Gamma^r_{kj}\Gamma^m_{ir}A_m]
\end{aligned}
\tag{3-3-54}
$$

化简得

$$
\begin{aligned}
A_i|_{jk}-A_i|_{kj}&=A_m[(\Gamma^m_{ik})_{,j}-(\Gamma^m_{ij})_{,k}+\Gamma^r_{ik}\Gamma^m_{rj}-\Gamma^r_{ij}\Gamma^m_{rk}]\\
&=A_mR^m_{ijk}
\end{aligned}
\tag{3-3-55}
$$

显然，式(3-3-55)等号左边为三阶张量的分量，等号右边A_m为矢量的分量，并具有任意性。

又因为

$$R^m_{ijk}=(\Gamma^m_{ik})_{,j}-(\Gamma^m_{ij})_{,k}+\Gamma^r_{ik}\Gamma^m_{rj}-\Gamma^r_{ij}\Gamma^m_{rk} \tag{3-3-56}$$

则R^m_{ijk}必定为某个四阶张量的分量。该四阶张量称为黎曼-克里斯多菲张量。

当黎曼-克里斯多菲张量为0时，式(3-3-55)为0，则

$$A_i|_{jk}=A_i|_{kj} \tag{3-3-57}$$

因此，我们得出结论：若黎曼-克里斯多菲张量为0，则协变导数的求导顺序遵循交换律。推广到r阶张量仍然适用($r\geqslant 2$)。

在笛卡儿坐标系中，$\Gamma^k_{ij}\equiv 0$，上述结论也成立，即在欧几里得空间内，在一切坐标系中，协变导数的求导顺序都可以交换。

3.4 曲线坐标系中的梯度、散度与旋度

3.4.1 曲线坐标系中的梯度

标量场 $\varphi=\varphi(u^1,u^2,u^3)$ 的梯度为

$$\textbf{grad}\ \varphi=\nabla\varphi=\boldsymbol{e}^i\frac{\partial\varphi}{\partial u^i} \tag{3-4-1}$$

3.4.2 曲线坐标系中的散度

向量场 $\boldsymbol{A}=\boldsymbol{A}(u^1,u^2,u^3)$ 的散度的定义为 $\boldsymbol{A}$ 的协变导数的混合分量的缩并。所以,有

$$\begin{aligned}\text{div}\ \boldsymbol{A}&=\nabla\cdot\boldsymbol{A}\\&=\boldsymbol{e}^k\cdot\frac{\partial\boldsymbol{A}}{\partial u^k}\\&=\boldsymbol{e}^k\cdot A^i|_k\boldsymbol{e}_i\\&=A^i|_k\delta_i^k\\&=A^i|_i\\&=A^i_{,i}+\Gamma^i_{ij}A^i\end{aligned} \tag{3-4-2}$$

将式(3-2-15)代入式(3-4-2),有

$$\begin{aligned}\text{div}\ \boldsymbol{A}&=A^i_{,i}+\Gamma^i_{ij}A^i\\&=\frac{\partial A^i}{\partial u^i}+\frac{A^i}{\sqrt{g}}\frac{\partial(\sqrt{g})}{\partial u^j}\\&=\frac{1}{\sqrt{g}}\frac{\partial A^i(\sqrt{g})}{\partial u^j}\\&=\frac{1}{\sqrt{g}}\frac{\partial}{\partial u^j}(g^{ik}A_k\sqrt{g})\end{aligned} \tag{3-4-3}$$

特别的,梯度的散度如下:

将梯度的分量代入式(3-4-3),可得

$$\Delta\varphi=\text{div}(\textbf{grad}\ \varphi)=\frac{1}{\sqrt{g}}\frac{\partial}{\partial u^j}\left(g^{ik}\sqrt{g}\frac{\partial\varphi}{\partial u^j}\right) \tag{3-4-4}$$

3.4.3 曲线坐标系中的旋度

矢量场 $\boldsymbol{A}$ 的旋度为

$$\begin{aligned}\textbf{curl}\ \boldsymbol{A}&=\nabla\times\boldsymbol{A}\\&=\left(\boldsymbol{e}^j\frac{\partial}{\partial u^j}\right)\times\boldsymbol{A}\\&=\boldsymbol{e}^j\times\frac{\partial\boldsymbol{A}}{\partial u^j}\end{aligned}$$

$$=\boldsymbol{e}^j\times(A_k|_j\boldsymbol{e}^k)$$
$$=A_k|_j\boldsymbol{e}^j\times\boldsymbol{e}^k \tag{3-4-5}$$

又因为

$$\boldsymbol{e}^j\times\boldsymbol{e}^k=\begin{cases}\dfrac{\boldsymbol{e}^i}{\sqrt{g}} & (i、j、k\text{ 是 }1,2,3\text{ 的偶排列})\\ -\dfrac{\boldsymbol{e}^i}{\sqrt{g}} & (i、j、k\text{ 是 }1,2,3\text{ 的奇排列})\\ 0 & (j=k)\end{cases} \tag{3-4-6}$$

式中，$g=\det \boldsymbol{g}_{ik}$。
所以

$$\textbf{curl}\ \boldsymbol{A}=\sum_{i,j,k}\frac{\boldsymbol{e}_i}{g}\left(\frac{\partial A_k}{\partial u^j}-\frac{\partial A_j}{\partial u^k}\right) \tag{3-4-7}$$

式中，$i、j、k$ 取 1,2,3 所有的偶排列。
还可以展开为矩阵形式：

$$\textbf{curl}\ \boldsymbol{A}=\in^{ijk}A_k|_j\boldsymbol{e}_i=\in^{ijk}A_{k,j}\boldsymbol{e}_i=\frac{1}{\sqrt{g}}\begin{vmatrix}\boldsymbol{e}_1 & \boldsymbol{e}_2 & \boldsymbol{e}_3\\ \dfrac{\partial}{\partial u^1} & \dfrac{\partial}{\partial u^2} & \dfrac{\partial}{\partial u^3}\\ A_1 & A_2 & A_3\end{vmatrix} \tag{3-4-8}$$

此外

$$\textbf{curl}\ (\textbf{grad}\ \varphi)=0 \tag{3-4-9}$$

梯度场没有旋度。

同样的，当有

$$\text{div}(\textbf{curl}\ \boldsymbol{A})=0 \tag{3-4-10}$$

时，若一个矢量场 $\boldsymbol{w}=\textbf{curl}\ \boldsymbol{A}$，则这个矢量场称为管量场。由此，管量场没有散度。

3.5 积分定理

3.5.1 高斯定理

高斯定理是矢量分析的重要定理之一，也称为高斯通量理论，其主要意义是：矢量穿过任意闭合曲面的通量等于矢量的散度对闭合面所包围的体积的积分。其可以用下列公式表示：

$$\iiint_V \text{div}\ \boldsymbol{A}\text{d}V=\oint_S \boldsymbol{A}\cdot\text{d}\boldsymbol{S} \tag{3-5-1}$$

式中，$\boldsymbol{A}$ 是矢量场，且此式与坐标系的选取无关。

利用高斯定理可以证明：

$$\iiint_V \boldsymbol{\nabla}(\ )\ \text{d}V=\iint_S \boldsymbol{n}(\ )\text{d}\boldsymbol{S} \tag{3-5-2}$$

式中，( )代表 $\cdot\boldsymbol{A}$；S 是 V 的边界曲面。

再把面元 d$\boldsymbol{S}$ 的法向单位矢量 $\boldsymbol{n}$ 改写成

$$\boldsymbol{n}=n_i\boldsymbol{e}^i=n^i\boldsymbol{e}_i \tag{3-5-3}$$

则高斯定理式(3-5-2)可写成分量形式:

$$\iiint_V \nabla_i A^i \mathrm{d}V=\iint_S n_i A^i \mathrm{d}S \tag{3-5-4}$$

注意:式(3-5-2)或式(3-5-4)中的被积函数是标量。式(3-5-4)是在任何坐标系中都成立的分量表达式。

3.5.2　斯托克斯定理

斯托克斯定理的基本内容是:当封闭曲线有涡束时,沿封闭曲线的速度环量等于该封闭曲线内所有涡束的涡通量之和。斯托克斯定理表明,沿封闭曲线 L 的速度环量等于穿过以该曲线为周界的任意曲面的涡通量。

用散度算符可以表示成

$$\iint_S \boldsymbol{\nabla}\times\boldsymbol{A}\cdot\boldsymbol{n}\mathrm{d}\boldsymbol{S}=\oint_L \boldsymbol{A}\cdot\mathrm{d}\boldsymbol{l} \tag{3-5-5}$$

式中,面元 d$\boldsymbol{S}$ 的法向矢量 $\boldsymbol{n}$ 如式(3-5-3)所定义,线元 d$\boldsymbol{l}$ 可按所在处的基矢量分解:

$$\mathrm{d}\boldsymbol{l}=\mathrm{d}u^i\boldsymbol{e}_i=\mathrm{d}u_i\boldsymbol{e}^i \tag{3-5-6}$$

因此,可容易得到适合任何坐标的斯托克斯定理的分量形式:

$$\iint_S e^{ijk}\nabla_i A_j n_k \mathrm{d}S=\oint_L A_i \mathrm{d}u^i \tag{3-5-7}$$

可以看出,斯托克斯公式中的被积函数是标量。

3.5.3　格林公式

一个标量函数的梯度是矢量。设标量函数为 ϕ,将其梯度 $\boldsymbol{\nabla}\phi$ 作为矢量 $\boldsymbol{A}$ 代入高斯定理式(3-5-1)中,可得

$$\iiint_V \boldsymbol{\nabla}\cdot\boldsymbol{\nabla}\varphi\mathrm{d}V=\oiint_S \boldsymbol{\nabla}\varphi\cdot\mathrm{d}\boldsymbol{S} \tag{3-5-8}$$

根据式(1-6-12)可将式(3-5-8)改写成

$$\iiint_V \boldsymbol{\nabla}^2\varphi\mathrm{d}V=\oiint_S \boldsymbol{\nabla}\varphi\cdot\mathrm{d}\boldsymbol{S} \tag{3-5-9}$$

$$\iiint_V (\nabla_i\nabla_j\varphi)\delta_{ij}\mathrm{d}V=\oiint_S \frac{\partial\varphi}{\partial u^i}n^i\mathrm{d}S \tag{3-5-10}$$

上述积分定理仅适用于矢量场或标量场。一般说来,不去把这些积分定理推广到使之适用于任意张量场(虽然形式上很容易进行这种“推广”),因为如果把这些积分定理应用到高阶张量场,就不能保证公式积分中的被积函数是标量。而只要被积函数是高于或等于一阶的张量,就必然会面临基矢量求积分的问题,而由于曲线坐标系是一种局部坐标系,因此基矢量是随点变化的。一个张量总是附着于一个点上,故张量的各种运算都只局限在该点附近的微小区域中。但是,体积分(或面积分、线积分)都是一个大范围的概念,一般很难对一个体积(或面积、线)内不同点上的基矢量求积分。

3.6 张量方程

由同型张量组成的方程称为张量方程。例如

$$A_{jk}^{i}=0 \tag{3-6-1}$$

$$B_{j}^{i}|_{k}=C^{im}D_{mjk} \tag{3-6-2}$$

倘若一个张量在某个坐标系中,其分量都等于0,那么,在其他一切坐标系中,该张量的分量也都为0。

例如,张量方程式(3-6-2)可改写成

$$B_{j}^{i}|_{k}-C^{im}D_{mjk}=0 \tag{3-6-3}$$

则有

$$A_{jk}^{i}=B_{j}^{i}|_{k}-C^{im}D_{mjk}=0 \tag{3-6-4}$$

若式(3-6-4)在坐标系 u^{i} 中成立,则在该坐标系中,$A_{jk}^{i}=0$,因此,在其他一切坐标系中(如在坐标系 $u^{i'}$ 中),必有 $A_{j'k'}^{i'}=0$,由此得

$$B_{j'}^{i'}|_{k'}-C^{i'm'}D_{m'j'k'}=0 \tag{3-6-5}$$

这是张量的一个重要性质,可以由下面这个例题来证明。

例1 设二阶张量 $\boldsymbol{T}$ 在以 $\boldsymbol{e}_{i}$ 为基底的坐标系中,所有的分量均为0,即 $T_{ij}=0$。试证明:在一切坐标系中,该张量的分量也都为0。

证明 设 $\boldsymbol{e}_{i'}$ 为任一坐标系的基底,则

$$T_{i'j'}=\beta_{i'}^{p}\beta_{j'}^{q}T_{pq}$$

$$T^{i'j'}=\beta_{p}^{i'}\beta_{q}^{j'}T^{pq}=g^{i'p'}g^{j'q'}T_{p'q'}$$

$$T_{j'}^{i'}=g^{i'p'}T_{p'j'}$$

$$T_{i'}^{j'}=g^{j'q'}T_{i'q'}$$

因 $T_{pq}=0$,故 $T_{i'j'}=0$,从而 $T_{j'}^{i'}=0$,$T_{i'}^{j'}=0$。上述结论对于 $r(r>2)$ 阶张量也成立(证明方法相同)。由这一性质可以导出张量方程的一个重要特性:一个张量方程,倘若在某个坐标系中成立,那么,在其他一切坐标系中,该张量方程也同样成立。

张量方程的这一特性给我们建立物理方程提供了一个十分有效的手段。因为若干物理量或几何量之间的关系往往在某个特殊坐标系(如直角坐标系)中比较容易建立。如果把这种关系用张量方程来表示,那么这个张量方程对于其他一切坐标系都是有效的。换言之,在某个特殊坐标系中建立起来的方程,对于一切坐标系都是普遍有效的,解出来的结果也不随坐标系的变化而变化。因此,张量方程可以用于描述客观物理现象的固有性质和普遍规律。这提供了一种改变分析问题的角度的方法,利用张量方程的特性,往往可以把问题简单化,寻找到适合简化问题的角度。下面通过一个例题来说明这一点。

例2 在3.3.3的性质2中,证明了度量张量的协变导数恒等于0,即式(3-3-45)。现在借助张量方程的特性从另一个角度来证明。

证明 因 g_{ij} 与 g^{ij} 是张量的分量,故其协变导数也是张量的分量。在笛卡儿坐标系中,协变导数与偏导数没有区别,而且 g_{ij} 与 g^{ij} 均为常量,故有

$$g_{ij}|_{k}=g_{ij,k}=0,g^{ij}|_{k}=g_{,k}^{ij}=0$$

由此根据张量方程的特性可知,度量张量的协变导数在一切坐标系中均成立。

其实,张量方程的这种特性在之前的一些证明也用到过。在很多特殊问题上,张量方程的求解和证明具有很大的优越性,在物理和数学问题的解决中广为应用。

本章习题

1. 求出联系柱面坐标(ρ,a,z)和球面坐标(r,φ,θ)的关系式,并写出其逆变换关系式。

2. 令$u^1=\rho$、$u^2=a$、$u^3=z$;$u^{1'}=r$、$u^{2'}=\varphi$、$u^{3'}=\theta$,试求出$\dfrac{\partial u^i}{\partial u^{j'}}$和$\dfrac{\partial u^{i'}}{\partial u^j}$,并以矩阵形式$\left(\dfrac{\partial u^i}{\partial u^{j'}}\right)$和$\left(\dfrac{\partial u^{i'}}{\partial u^j}\right)$表示。

3. 矢量场$\boldsymbol{A}$在直角坐标系中的分量为$A_1=x^1x^2$、$A_2=2x^2-(x^3)^2$、$A_3=(x^1)^2$,求该矢量场在下列坐标系中的协变分量和逆变分量。

(1)球面坐标系:$x^1=r\sin\phi\cos\theta$、$x^2=r\sin\phi\sin\theta$、$x^3=r\cos\phi$。

(2)抛物线坐标系:$x^1=vw\cos\theta$、$x^2=vw\sin\theta$、$x^3=(1/2)(v^2-w^2)$。

4. 试证明:对于正交曲线坐标系,当i、j、k互不相同时,$\Gamma_{ij}^k=0$。

5. 设A_{jk}^i为三阶张量的分量,试证明:若$A_{jk}^i=A_{kj}^i$(或$A_{jk}^i=-A_{kj}^i$),则$A_{j'k'}^{i'}=A_{k'j'}^{i'}$(或$A_{j'k'}^{i'}=-A_{k'j'}^{i'}$)。

6. 在(1)~(4)题中求下列给定的坐标系中的克里斯多菲符号Γ_{ijk}和Γ_{ij}^k。

(1)球面坐标系:$u^1=r$、$u^2=\phi$、$u^3=\theta$,$x^1=r\sin\phi\cos\theta$、$x^2=r\sin\phi\sin\theta$、$x^3=r\cos\phi$。

(2)抛物柱面坐标系:$u^1=v$、$u^2=w$、$u^3=z$,$x^1=(1/2)(v^2-w^2)$、$x^2=vw$、$x^3=z$。

(3)抛物线坐标系:$u^1=v$、$u^2=w$、$u^3=\theta$,$x^1=vw\cos\theta$、$x^2=vw\sin\theta$、$x^3=(1/2)(v^2-w^2)$。

(4)曲线坐标系:$u^1=u$、$u^2=v$、$u^3=w$,$x^1=uv+1$、$x^2=vw+1$、$x^3=(1/2)(u^2+w^2)$。

7. 矢量场$\boldsymbol{A}$在球面坐标系中的协变分量为$A_1=r\sin^2\phi\cos^2\theta$,$A_2=r^2\sin\phi\cos\phi\cos^2\theta$,$A_3=r\sin\phi\cos\phi\cos\theta$。求协变导数$A_i|_k$和$A^i|_k$。

8. 设A_i和A^i分别为斜角直线坐标系x^i中的矢量场$\boldsymbol{A}$的协变分量和逆变分量。试证明:$\dfrac{\partial A_i}{\partial x^k}$和$\dfrac{\partial A^i}{\partial x^k}$分别为二阶张量的协变分量和混合分量。

9. 写出四阶张量分量A_{ijmn}、A_{ij}^{mn}、A_n^{ijm}、A_{jm}^{in}的协变导数的表达式。

第 4 章　张量在流体力学中的应用

4.1　质点运动与坐标系

物体是由质点组成的。在任何时刻，只要组成物体的各质点的位置已知，那么物体的形状也随之确定。许多物理量，如位移、速度、加速度等，也都定义在质点上。所以，研究单个质点的运动以及在质点上的矢量变化是有必要的。

4.1.1　质点的运动速度

任意空间点的位置都可以用位矢

$$\boldsymbol{R}=\boldsymbol{R}(u^1,u^2,u^3)=\boldsymbol{R}(u^i) \tag{4-1-1}$$

来表示。相邻两空间点的位矢差为

$$\mathrm{d}\boldsymbol{R}=\frac{\partial \boldsymbol{R}}{\partial u^i}\mathrm{d}u^i=\mathrm{d}u^i\boldsymbol{e}_i \tag{4-1-2}$$

现在研究某个在空间中运动着的质点，该质点在不同时刻占有不同的空间点位，如在 t 时刻占有位置 P，而在 $t+\mathrm{d}t$ 时刻占有位置 P'（图 4-1）。如果选用固定在空间中的参考坐标，即运动质点的坐标值为 u^i，则位矢 $\boldsymbol{R}$ 将是时间参数 t 的函数，即

$$\boldsymbol{R}=\boldsymbol{R}(u^i(t)) \tag{4-1-3}$$

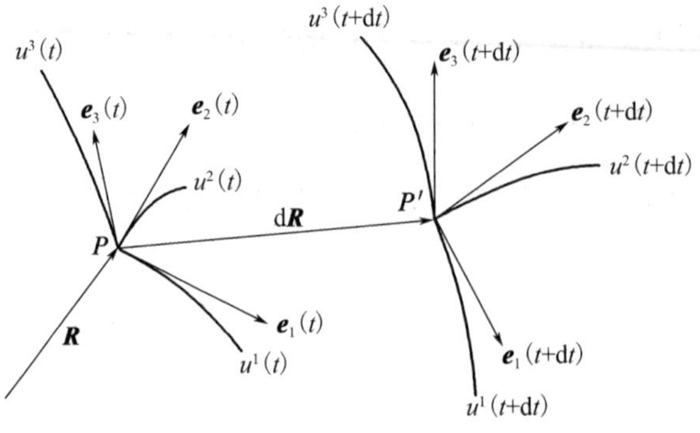

图 4-1　质点运动点位图

当参数 t 变化 $\mathrm{d}t$ 时，按复合函数求导规则得位矢 $\boldsymbol{R}$ 对 t 的导数为

$$\frac{\mathrm{d}\boldsymbol{R}}{\mathrm{d}t}=\frac{\partial \boldsymbol{R}}{\partial u^i}\frac{\mathrm{d}u^i}{\mathrm{d}t}=\frac{\mathrm{d}u^i}{\mathrm{d}t}\boldsymbol{e}_i \tag{4-1-4}$$

应该指出，这里的 $\boldsymbol{e}_i$ 是该时刻运动质点所在位置处的瞬时基矢量。$\boldsymbol{e}_i$ 本应是固定坐标系的

基矢量，它仅是空间点位的函数，与参数 t 无关，但由于质点在运动，在不同时刻占有不同的空间位置，所以瞬时基矢量是间接与参数 t 有关的，即

$$\boldsymbol{e}_i=\boldsymbol{e}_i[u^k(t)] \tag{4-1-5}$$

质点的运动速度 $\boldsymbol{v}$ 等于该质点的位矢对参数 t 的导数。把它对质点的瞬时基矢量分解

$$v=\frac{\mathrm{d}\boldsymbol{R}}{\mathrm{d}t}=v^i\boldsymbol{e}_i \tag{4-1-6}$$

和式(4-1-4)相比得

$$v^i=\frac{\mathrm{d}u^i}{\mathrm{d}t}=v^i(t) \tag{4-1-7}$$

即质点速度的逆变分量等于质点坐标对参数 t 的导数。显然，它仍是参数 t 的函数。

4.1.2　任意矢量对参数的导数

把定义在质点上的任意矢量 $\boldsymbol{b}(t)$（如质点的速度、加速度等）对瞬时 t 的协变基或逆变基分解，得

$$\boldsymbol{b}(t)=b^i(t)\boldsymbol{e}_i[u^k(t)]=b_i(t)\boldsymbol{e}^i[u^k(t)] \tag{4-1-8a}$$

当把矢量 $\boldsymbol{b}$ 对 t 求导时，应同时考虑分量和基矢量的变化。以按协变基分解式为例，则

$$\frac{\mathrm{d}\boldsymbol{b}(t)}{\mathrm{d}t}=\frac{\mathrm{d}b^i(t)}{\mathrm{d}t}\boldsymbol{e}_i+b^m\frac{\mathrm{d}\boldsymbol{e}_m[u^k(t)]}{\mathrm{d}t} \tag{4-1-8b}$$

为了方便，将式(4-1-8b)等号右边第二项中的哑标改为 m。利用复合函数求导规则和协变基矢量对坐标的导数公式$\frac{\partial\boldsymbol{e}_i}{\partial u^j}=\boldsymbol{\Gamma}_{ijk}\boldsymbol{e}^k$，有

$$\frac{\mathrm{d}\boldsymbol{e}_m}{\mathrm{d}t}=\frac{\partial\boldsymbol{e}_m}{\partial u^k}\frac{\mathrm{d}u^k}{\mathrm{d}t}=\boldsymbol{\Gamma}^i_{km}\frac{\mathrm{d}u^k}{\mathrm{d}t}\boldsymbol{e}_i$$

代入式(4-1-8b)，并利用式(4-1-7)，有

$$\frac{\mathrm{d}\boldsymbol{b}(t)}{\mathrm{d}t}=\left[\frac{\mathrm{d}b^i(t)}{\mathrm{d}t}+b^mv^k\boldsymbol{\Gamma}^i_{km}\right]\boldsymbol{e}_i=\frac{\mathrm{D}b^i}{\mathrm{D}t}\boldsymbol{e}_i \tag{4-1-9}$$

式中

$$\frac{\mathrm{D}b^i}{\mathrm{D}t}=\frac{\mathrm{d}b^i}{\mathrm{d}t}+b^mv^k\boldsymbol{\Gamma}^i_{km} \tag{4-1-10}$$

称为矢量分量 b^i 对参数 t 的全导数。式中，等号右边第一项反映了分量 b^i 随参数 t 的变化，第二项反映了因质点运动引起点位变化而导致的瞬时基矢量的变化。

同理，由式(4-1-8a)中对逆变分量的分解式并利用逆变基矢量对坐标的导数公式$\frac{\partial\boldsymbol{e}^i}{\partial u^j}=-\boldsymbol{\Gamma}^i_{jk}\boldsymbol{e}^k$，可得

$$\frac{\mathrm{d}\boldsymbol{b}}{\mathrm{d}t}=\frac{\mathrm{D}b_i}{\mathrm{D}t}\boldsymbol{e}^i \tag{4-1-11}$$

式中

$$\frac{\mathrm{D}b_i}{\mathrm{D}t}=\frac{\mathrm{d}b_i}{\mathrm{d}t}-b_mv^k\boldsymbol{\Gamma}^m_{ki} \tag{4-1-12}$$

应该指出：矢量 $\boldsymbol{b}$ 和参数 t 都是与坐标选择无关的物理量，所以 $\dfrac{\mathrm{d}\boldsymbol{b}}{\mathrm{d}t}$ 也是与坐标选择无关的矢量。由式(4-1-9)和式(4-1-11)可知，全导数 $\dfrac{\mathrm{D}b^i}{\mathrm{D}t}$ 和 $\dfrac{\mathrm{D}b_i}{\mathrm{D}t}$ 分别是矢量 $\dfrac{\mathrm{d}\boldsymbol{b}}{\mathrm{d}t}$ 的协变分量和逆变分量，它们满足如下指标升降关系：

$$\frac{\mathrm{D}b_i}{\mathrm{D}t}=g_{ij}\frac{\mathrm{D}b^j}{\mathrm{D}t},\frac{\mathrm{D}b^i}{\mathrm{D}t}=g^{ij}\frac{\mathrm{D}b_j}{\mathrm{D}t} \tag{4-1-13}$$

但是分量导数 $\dfrac{\mathrm{d}b^i}{\mathrm{d}t}$ 和 $\dfrac{\mathrm{d}b_i}{\mathrm{d}t}$ 之间并不存在指标升降关系。因为式(4-1-10)和式(4-1-12)表明，全导数由两项组成，其中第二项包含克里斯多菲符号，它并不是张量，因而第一项分量导数也不可能是矢量的分量，所以不存在指标升降关系。

在直角坐标系中，坐标系的基矢量与点位无关，因此有 $\Gamma^i_{km}=0$，则式(4-1-10)的第二项为0，矢量分量 b^i 对参数 t 的全导数就等于导数分量，即

$$\frac{\mathrm{D}b^i}{\mathrm{D}t}=\frac{\mathrm{d}b^i}{\mathrm{d}t} \tag{4-1-14}$$

同时，式(4-1-14)也是直角坐标系中流体质点运动规律在拉格朗日(Lagrange)法中的描述，下一节对此进行详细论述。

如果把任意矢量 $\boldsymbol{b}$ 取为质点速度 $\boldsymbol{v}$，则 $\dfrac{\mathrm{d}v}{\mathrm{d}t}$ 就是质点的加速度 $\boldsymbol{a}$。由以上讨论可知，$\boldsymbol{a}$ 对瞬时协、逆变基的分解式为

$$\boldsymbol{a}=a^i\boldsymbol{e}_i=a_i\boldsymbol{e}^i \tag{4-1-15}$$

$$a^i=\frac{\mathrm{D}v^i}{\mathrm{D}t}=\frac{\mathrm{d}v^i}{\mathrm{d}t}+v^mv^k\Gamma^i_{km} \tag{4-1-16}$$

$$a_i=\frac{\mathrm{D}v_i}{\mathrm{D}t}=\frac{\mathrm{d}v_i}{\mathrm{d}t}-v_mv^k\Gamma^m_{ki} \tag{4-1-17}$$

在直角坐标系中，则有

$$\boldsymbol{a}=a_i\boldsymbol{i}_i \tag{4-1-18}$$

$$a_i=\frac{\mathrm{D}v_i}{\mathrm{D}t}=\frac{\mathrm{d}v_i}{\mathrm{d}t}=\frac{\mathrm{d}^2x_i}{\mathrm{d}t^2} \tag{4-1-19}$$

或展开成分量形式，为

$$\begin{cases}a_x=\dfrac{\mathrm{d}u}{\mathrm{d}t}=\dfrac{\mathrm{d}^2x}{\mathrm{d}t^2}\\ a_y=\dfrac{\mathrm{d}v}{\mathrm{d}t}=\dfrac{\mathrm{d}^2y}{\mathrm{d}t^2}\\ a_z=\dfrac{\mathrm{d}w}{\mathrm{d}t}=\dfrac{\mathrm{d}^2z}{\mathrm{d}t^2}\end{cases} \tag{4-1-20}$$

4.2　Euler 法和 Lagrange 法

下面来研究由许多质点组成的连续介质。在连续介质中,不同质点在同一时刻占有不同的空间点位,这描述了在该时刻连续介质的各质点所在的位置,或者说,这描述了连续介质在该时刻的构形。此外,同一质点在不同时刻也占有不同的空间点位,这说明了该质点的运动规律。所有质点的运动规律构成了连续介质的运动规律。下面介绍两种描述连续介质运动的方法。

4.2.1　Euler 法

欧拉(Euler)法描述的是固定在空间中的参考坐标,又称空间坐标或固定坐标,记作 u^i。它不随质点运动或时间参数 t 的变化而变化,是一种描述物体运动的静止背景。每组 Euler 坐标值 $u^i(i=1,2,3)$ 定义了一个固定点位。如用位矢 $\boldsymbol{R}$ 来表示空间点位(图 4-2),则如式(4-2-1)所示。

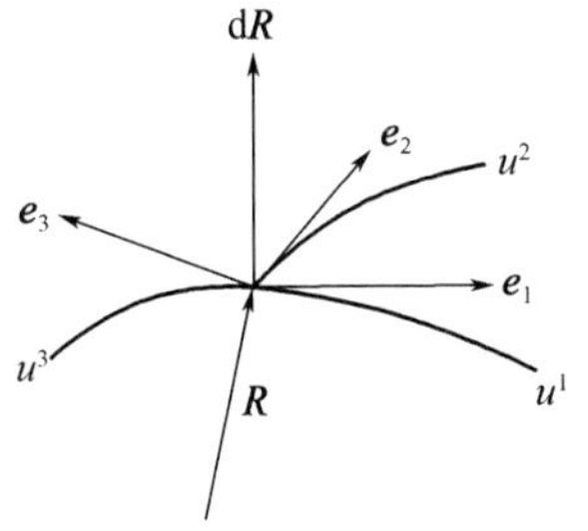

图 4-2　Euler 法示意图

$$\boldsymbol{R}=\boldsymbol{R}(u^i) \tag{4-2-1}$$

以 d$\boldsymbol{R}$ 表示相邻两质点间的线段,则

$$\mathrm{d}\boldsymbol{R}=\mathrm{d}u^i\boldsymbol{e}_i \tag{4-2-2}$$

式中,协变基矢量

$$\boldsymbol{e}_i=\frac{\partial \boldsymbol{R}}{\partial u^i}=\boldsymbol{e}_i(u^k) \tag{4-2-3}$$

是随空间点位而变化的。在以前各章中,所讨论的都是利用固定于空间的 Euler 法。根据前面的知识可直接写出度量张量:

$$g_{ij}=\boldsymbol{e}_i\cdot\boldsymbol{e}_j$$

和克里斯多菲符号的计算公式(式(3-2-21)和式(3-2-22))。它们都与参数 t 无关。

质点的运动在 Euler 法中的表现为:同一质点在不同时刻占有不同的空间点位,因而质点在 Euler 法中的描述是随参数 t 而变化的,如式(4-2-4)所示,即

$$\boldsymbol{R}_{(\xi)}=\boldsymbol{R}_{(\xi)}[u^i(t)] \tag{4-2-4}$$

于是,和质点瞬时位置相关的基矢量、度量张量和克里斯多菲符号等也都通过质点坐标 $u^i(t)$ 间接地与参数 t 有关了。不同的质点 ξ 有不同的运动规律,在式(4-2-4)中用下标“(ξ)”加以区别。

4.2.2 Lagrange 法

Lagrange 法描述的是嵌在物体质点上且随物体一起运动和变形的坐标，又称随体坐标或嵌入坐标，记作 ξ^i。无论物体怎样运动和变形，每个质点变到什么位置，同一质点在 Lagrange 法中所描述的坐标始终是不变的。所以每组坐标 $\xi^i(i=1,2,3)$ 定义了一个运动着的质点。我们有时就用 ξ^i 表示质点，就好像用姓名表示一个人一样，无论这个人走到哪里，他的姓名不变。

Lagrange 法的这一特性可以用图 4-3 来说明。考虑变形前在坐标线 ξ^1 上的 3 个质点 O、A、B，它们的坐标 ξ^2 和 ξ^3 均为 0。由于 Lagrange 法描述的坐标是嵌在质点上的，所以变形后 3 个质点的新位置 O'、A'、B' 仍在同一条坐标线 ξ^1 上，且新坐标 ξ^2 和 ξ^3 仍均为 0。虽然弧段 $\overset{\frown}{O'A'}$ 和 $\overset{\frown}{A'B'}$ 可相对于原长 $\overset{\frown}{OA}$ 和 $\overset{\frown}{AB}$ 伸长（或缩短），但由于度量的尺子（坐标系）也发生了完全相同的伸长（或缩短），所以读数（O'、A'、B' 各点的新坐标 ξ^1）仍保持不变。OAB 是变形前的坐标线 ξ^1，$O'A'B'$ 是变形后的坐标线 ξ^1，它们是由相同的一些质点组成的。对于其他质点也可做完全类似的解释。

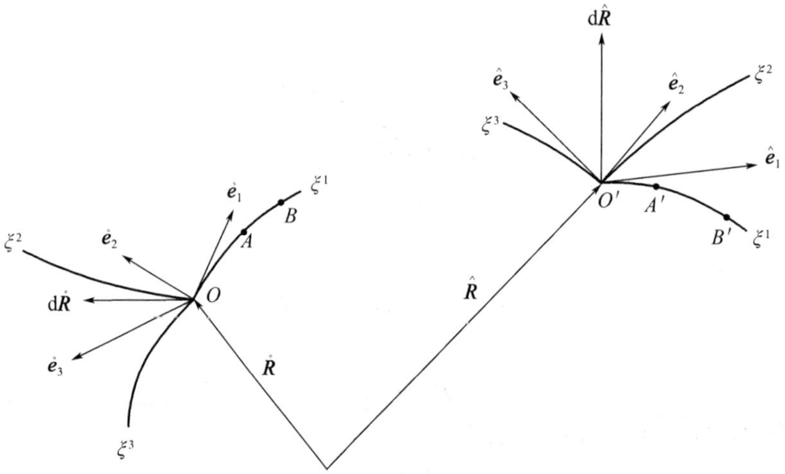

图 4-3 Lagrange 法示意图

在变形前 $t=0$ 时刻的物体的初始状态中，位矢

$$\boldsymbol{R}=\mathring{\boldsymbol{R}}(\xi^i) \tag{4-2-5}$$

是随质点（即 Lagrange 法所描述的坐标 ξ^i）而异的。相邻两质点间的线段为

$$\mathrm{d}\mathring{\boldsymbol{R}}=\mathrm{d}\xi^i\mathring{\boldsymbol{e}}_i \tag{4-2-6}$$

式中

$$\mathring{\boldsymbol{e}}_i=\frac{\partial\mathring{\boldsymbol{R}}}{\partial\xi^i}=\mathring{\boldsymbol{e}}_i(\xi^k) \tag{4-2-7}$$

是 $t=0$ 时刻 Lagrange 法描述的坐标系的协变基矢量，它也是随质点而异的。由此可求得初始构形中（即 $t=0$ 时刻）的度量张量：

$$\mathring{g}_{ij}=\mathring{\boldsymbol{e}}_i\cdot\mathring{\boldsymbol{e}}_j \tag{4-2-8}$$

这里用每个量上面的小圆圈“°”表示 $t=0$ 时刻的值。

下面来研究物体变形后的构形。如图 4-3 所示,变形使组成物体的各质点运动到新的空间位置。相应地,位矢 $\boldsymbol{R}$ 由初始位置 $\mathring{\boldsymbol{R}}$ 变为

$$\boldsymbol{R}=\hat{\boldsymbol{R}}(\xi^i,t) \tag{4-2-9}$$

这里的 $\hat{R}$ 是坐标 ξ^i 和参数 t 的函数。但坐标 ξ^i 本身与 t 无关,因为无论物体怎样变形,同一质点的 Lagrange 坐标始终保持不变。对此,我们说 Lagrange 法所描述的坐标系是随物体一起变形的,或称“随体”的。质点坐标和时间参数能各自独立变化,这是用 Lagrange 法描述的主要优点。

现在把 t 固定,即考虑变形过程中 t 时刻物体的构形,则连接相邻两质点的线段为

$$\mathrm{d}\hat{\boldsymbol{R}}=\frac{\partial\hat{\boldsymbol{R}}}{\partial\xi^i}\mathrm{d}\xi^i=\mathrm{d}\xi^i\hat{\boldsymbol{e}}_i \tag{4-2-10}$$

式中,求偏导数$\dfrac{\partial\hat{\boldsymbol{R}}}{\partial\xi^i}$时,参数 t 应看作常数。为明确起见,有时也记为$\left(\dfrac{\partial\hat{\boldsymbol{R}}}{\partial\xi^i}\right)_t$。而

$$\hat{\boldsymbol{e}}_i=\frac{\partial\hat{\boldsymbol{R}}}{\partial\xi^i}=\hat{\boldsymbol{e}}_i(\xi^k,t) \tag{4-2-11}$$

是 t 时刻 Lagrange 法描述的坐标系的协变基矢量,它是随质点而异的。由于 Lagrange 法描述的坐标系是随物体一起变形的,根据式(4-2-9),在不同时刻 t,位矢 $\hat{\boldsymbol{R}}$ 和坐标 ξ^i 的函数关系也不相同,所以就整个变形过程来说,基矢量 $\hat{e}_i$ 是参数 t 的函数。由 $\hat{e}_i$ 可以求得各瞬时 Lagrange 法描述的坐标系的度量张量:

$$\hat{g}_{ij}=\hat{\boldsymbol{e}}_i\cdot\hat{\boldsymbol{e}}_j \tag{4-2-12}$$

它们都是随参数 t 变化的。当 $t=0$ 时,$\hat{\boldsymbol{e}}_i$ 就化为$\mathring{\boldsymbol{e}}_i$。

比较两种描述方法可以看到:在 Euler 法所描述的坐标系中,物体的变形表现为同一质点坐标 x^i 的不断变化,而坐标系 x^i 本身保持不变(图 4-2)。而在 Lagrange 法所描述的坐标系中,物体的变形表现为坐标系 ξ^i 本身性质($\hat{\boldsymbol{e}}_i$、$\hat{g}_{ij}$ 等)的不断变化,而质点坐标 ξ^i 保持不变。

Lagrange 法中坐标 ξ^i 的这个优点使推导公式更为方便。例如,在求任何量的物质导数时,只需要保持 ξ^i 不变,对时间 t 求导。若采用 Euler 法所描述的坐标系 u^i,则求物质导数时,不但要考虑时间 t 的变化,还要考虑由于质点的运动,u^i 也随时间变化。但采用 Lagrange 法的缺点是它只能是曲线坐标系。即使在变形前 $t=0$ 时刻 ξ^i 为笛卡儿直角坐标,3 族坐标线($\xi^i=\mathrm{const}$(常数))都是相互正交的直线,但在变形后 t 时刻,这些坐标线随着物体质点的变位都变成曲线。Euler 法的优点是坐标只与空间的点位有关,如果采用笛卡儿直角坐标,3 族坐标系($u^i=\mathrm{const}$)不管物体如何运动,始终保持是直线。因此最方便的做法是用 Lagrange 法推导公式,然后转换到 Euler 法所描述的坐标系(如笛卡儿直角坐标系)中进行计算。

4.2.3　两种描述方法的转换关系

上面用两种方法来描述同一个物理现象,即物体的运动和变形,显然它们之间必然存在某种转换关系。由式(4-2-1)与式(4-2-9)可知,物体的 Euler 法所描述的坐标 u^i 是因

质点而异的，每个质点的坐标又是随时间变化的，所以该坐标 u^i 是质点和时间的函数。在 Lagrange 法所描述的坐标系中，质点和时间分别用坐标和参数 t 来表示，于是式(4-2-9)可表示为

$$u^i = u^i(\xi^j, t) \tag{4-2-13}$$

式(4-2-13)给出了两种坐标的转换关系，这个转换关系是随参数 t 变化的。对于确定的时刻 t，式(4-2-13)化为该瞬时两个静止坐标之间的转换关系。例如，基矢量的转换关系为

$$\begin{cases} \hat{\boldsymbol{e}}_i = \boldsymbol{e}_j \dfrac{\partial u^j}{\partial \xi^i}, \boldsymbol{e}_i = \hat{\boldsymbol{e}}_j \dfrac{\partial \xi^j}{\partial u^i} \\ \hat{\boldsymbol{e}}^i = \boldsymbol{e}^j \dfrac{\partial \xi^i}{\partial u^j}, \boldsymbol{e}^i = \hat{\boldsymbol{e}}^j \dfrac{\partial u^i}{\partial \xi^j} \end{cases} \tag{4-2-14}$$

式中，u^i 与 ξ^j 互求导时，参数 t 应看作常数。

4.2.4 在直角坐标系中的应用

在 Euler 法中，任一流体物理量 $\boldsymbol{B}$ 在直角坐标系中表示为 $\boldsymbol{B}=\boldsymbol{B}(x,y,z,t)$，这时的$(x,y,z)$可以有双重意义，一方面代表流场的空间坐标，另一方面代表 t 时刻某个流体质点的空间位置。根据质点导数的定义，从跟踪流体质点的角度看，x、y、z 应该视为时间 t 的函数，因此 $\boldsymbol{B}$ 随时间的变化率为

$$\begin{aligned} \frac{\mathrm{D}\boldsymbol{B}}{\mathrm{D}t} &= \lim_{\Delta t \to 0} \frac{\boldsymbol{B}_{(x+\Delta x, y+\Delta y, z+\Delta z, t+\Delta t)} - \boldsymbol{B}_{(x,y,z,t)}}{\Delta t} \\ &= \lim_{\Delta t \to 0} \frac{1}{\Delta t}\left[\frac{\partial \boldsymbol{B}}{\partial x}\Delta x + \frac{\partial \boldsymbol{B}}{\partial y}\Delta y + \frac{\partial \boldsymbol{B}}{\partial z}\Delta z + \frac{\partial \boldsymbol{B}}{\partial t}\Delta t\right] \\ &= \lim_{\Delta t \to 0}\left(\frac{\partial \boldsymbol{B}}{\partial x}\frac{\Delta x}{\Delta t} + \frac{\partial \boldsymbol{B}}{\partial y}\frac{\Delta y}{\Delta t} + \frac{\partial \boldsymbol{B}}{\partial z}\frac{\Delta z}{\Delta t} + \frac{\partial \boldsymbol{B}}{\partial t}\right) \\ &= \frac{\partial \boldsymbol{B}}{\partial t} + u\frac{\partial \boldsymbol{B}}{\partial x} + v\frac{\partial \boldsymbol{B}}{\partial y} + w\frac{\partial \boldsymbol{B}}{\partial z} \end{aligned} \tag{4-2-15}$$

式(4-2-15)可以写成与坐标系无关的矢量表达式，即

$$\frac{\mathrm{D}\boldsymbol{B}}{\mathrm{D}t} = \frac{\partial \boldsymbol{B}}{\partial t} + (\boldsymbol{V} \cdot \boldsymbol{\nabla})\boldsymbol{B} \tag{4-2-16}$$

式中，$\dfrac{\mathrm{D}}{\mathrm{D}t} = \dfrac{\partial}{\partial t} + (\boldsymbol{V} \cdot \boldsymbol{\nabla})$，$\dfrac{\mathrm{D}}{\mathrm{D}t}$称为流体物理参数的质点导数。质点导数分为两部分：$\dfrac{\partial \boldsymbol{B}}{\partial t}$表示在空间确定点上 $\boldsymbol{B}$ 对时间的变化率，称为当地导数或局部导数，是由流场的不稳定引起的，如果流动是稳定的，则有$\dfrac{\partial \boldsymbol{B}}{\partial t}=0$；$(\boldsymbol{V} \cdot \boldsymbol{\nabla})\boldsymbol{B}$ 表示由流体质点运动位置变化引起的变化率，称为迁移导数，是由流场不均匀及流体运动这两个因素引起的，如果$(\boldsymbol{V} \cdot \boldsymbol{\nabla})\boldsymbol{B}=0$，则表示流场是均匀的。

根据式(4-2-16)，在 Euler 法中流体质点的加速度 $\boldsymbol{a}$ 为

$$\boldsymbol{a} = \frac{\mathrm{D}\boldsymbol{V}}{\mathrm{D}t} = \frac{\partial \boldsymbol{V}}{\partial t} + (\boldsymbol{V} \cdot \boldsymbol{\nabla})\boldsymbol{V} \tag{4-2-17}$$

式(4-2-17)说明：在流场的 Euler 法描述中，流体质点的加速度由两部分组成：第一部分$\dfrac{\partial \boldsymbol{V}}{\partial t}$称为局部加速度或当地加速度，表示在同一空间点上流体速度随时间的变化率，对于

定常速度场，有$\dfrac{\partial \boldsymbol{V}}{\partial t}=0$；第二部分$(\boldsymbol{V}\cdot\boldsymbol{\nabla})\boldsymbol{V}$称为迁移加速度或位变加速度，表示在同一时刻由于不同空间点的流体速度差异而产生的速度变化率，对于均匀的速度场，有$(\boldsymbol{V}\cdot\boldsymbol{\nabla})\boldsymbol{V}=0$。

在直角坐标系中

$$\boldsymbol{a}(x,y,z,t)=\frac{\mathrm{D}}{\mathrm{D}t}\boldsymbol{V}(x,y,z,t)=\frac{\partial \boldsymbol{V}}{\partial t}+u\frac{\partial \boldsymbol{V}}{\partial x}+v\frac{\partial \boldsymbol{V}}{\partial y}+w\frac{\partial \boldsymbol{V}}{\partial z} \tag{4-2-18}$$

或写成分量形式

$$\begin{cases}a_x=\dfrac{\mathrm{D}u}{\mathrm{D}t}=\dfrac{\partial u}{\partial t}+u\dfrac{\partial u}{\partial x}+v\dfrac{\partial u}{\partial y}+w\dfrac{\partial u}{\partial z}\\ a_y=\dfrac{\mathrm{D}v}{\mathrm{D}t}=\dfrac{\partial v}{\partial t}+u\dfrac{\partial v}{\partial x}+v\dfrac{\partial v}{\partial y}+w\dfrac{\partial v}{\partial z}\\ a_z=\dfrac{\mathrm{D}w}{\mathrm{D}t}=\dfrac{\partial w}{\partial t}+u\dfrac{\partial w}{\partial x}+v\dfrac{\partial w}{\partial y}+w\dfrac{\partial w}{\partial z}\end{cases} \tag{4-2-19}$$

在 Lagrange 法的描述中，流体质点的物理量表示为$\boldsymbol{B}=\boldsymbol{B}(a,b,c,t)$，其质点导数很直观，就是物理量$\boldsymbol{B}$对时间$t$的偏导数，即$\dfrac{\partial \boldsymbol{B}}{\partial t}$，因为$(a,b,c)$与时间$t$无关，所以$\dfrac{\partial \boldsymbol{B}}{\partial t}=\dfrac{\mathrm{d}\boldsymbol{B}}{\mathrm{d}t}$。例如，在 Lagrange 法的描述中，流体速度$\boldsymbol{V}$就是质点位置的位矢$\boldsymbol{R}$对时间t的偏导数，即

$$\boldsymbol{V}(a,b,c,t)=\frac{\partial}{\partial t}\boldsymbol{R}(a,b,c,t) \tag{4-2-20}$$

流体加速度$\boldsymbol{a}$则为流体速度$\boldsymbol{V}$对时间t的偏导数，即

$$\boldsymbol{a}(a,b,c,t)=\frac{\partial}{\partial t}\boldsymbol{V}(a,b,c,t)=\frac{\partial}{\partial t^2}\boldsymbol{R}(a,b,c,t) \tag{4-2-21}$$

在直角坐标系中，式(4-2-20)与式(4-2-21)可写成

$$\begin{cases}u(a,b,c,t)=\dfrac{\partial x(a,b,c,t)}{\partial t}\\ v(a,b,c,t)=\dfrac{\partial y(a,b,c,t)}{\partial t}\\ w(a,b,c,t)=\dfrac{\partial z(a,b,c,t)}{\partial t}\end{cases} \tag{4-2-22}$$

和

$$\begin{cases}a_x(a,b,c,t)=\dfrac{\partial u}{\partial t}=\dfrac{\partial^2 x}{\partial t^2}\\ a_y(a,b,c,t)=\dfrac{\partial v}{\partial t}=\dfrac{\partial^2 y}{\partial t^2}\\ a_z(a,b,c,t)=\dfrac{\partial w}{\partial t}=\dfrac{\partial^2 z}{\partial t^2}\end{cases} \tag{4-2-23}$$

4.3　流体微团的运动分析

流体是具有易流性的连续介质，在其中任取一流体微团，由于流体微团上的各点速度

不同,因此其形状和大小也要发生变化。流体微团的运动可以看成是由平移、线变形、转动及角变形 4 种形式的运动组合而成的。除平移运动外,后 3 种运动决定流体微团运动后的形状。下面以直角坐标系为例,对流体微团的运动形式展开研究。

4.3.1 线变形、角变形和旋转

在时刻 t,在流场中任取一正交微元六面体的流体微团,在微小的时间间隔 Δt 之后,流体微团运动到新的位置,一般来说,原来的正交微元六面体将变成斜平面微元六面体,如图 4-4 所示。

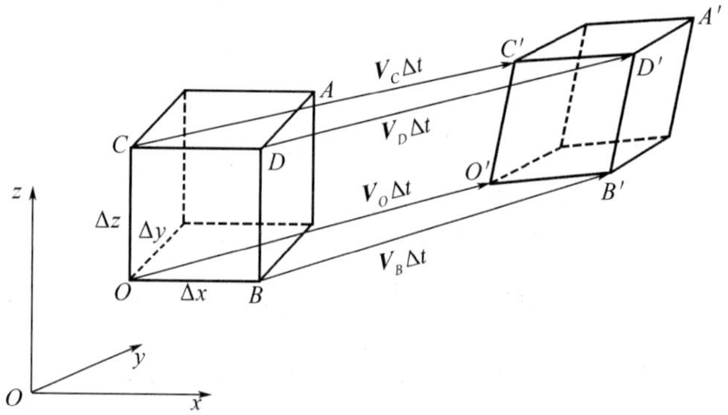

图 4-4 流体微团运动

1. 线变形速率

单位时间内流体线的相对伸长称为线变形速率。现以 $\boldsymbol{OB}$ 边为例,研究经过 O 点的 3 条正交流体线的线变形速率。经 Δt 时间后,$\boldsymbol{OB}$ 变成了 $\boldsymbol{O'B'}$。

$$\begin{aligned}\boldsymbol{O'B'} &= \Delta x\boldsymbol{i}+\frac{\partial \boldsymbol{V}}{\partial x}\Delta x\Delta t \\ &= \Delta x\boldsymbol{i}+\left(\frac{\partial u}{\partial x}\boldsymbol{i}+\frac{\partial v}{\partial x}\boldsymbol{j}+\frac{\partial w}{\partial x}\boldsymbol{k}\right)\Delta x\Delta t \end{aligned} \tag{4-3-1}$$

所以

$$\begin{aligned}|\boldsymbol{O'B'}| &= \left[\sqrt{\left(1+\frac{\partial u}{\partial x}\Delta t\right)^2+\left(\frac{\partial v}{\partial x}\right)^2(\Delta t)^2+\left(\frac{\partial w}{\partial x}\right)^2(\Delta t)^2}\,\right]\Delta x+\cdots \\ &= \left\{\sqrt{1+2\frac{\partial u}{\partial x}\Delta t+\left[\left(\frac{\partial u}{\partial x}\right)^2+\left(\frac{\partial v}{\partial x}\right)^2+\left(\frac{\partial w}{\partial x}\right)^2\right](\Delta t)^2}\right\}\Delta x+\cdots \\ &= \left(1+\frac{\partial u}{\partial x}\Delta t\right)\Delta x+0[(\Delta t)^2]\Delta x+\cdots \end{aligned} \tag{4-3-2}$$

用 ε_{xx} 表示 x 方向的流体线在单位时间内的相对伸长(即线变形速率),有

$$\varepsilon_{xx}=\lim_{\Delta t\to 0}\frac{|\boldsymbol{O'B'}|-|\boldsymbol{OB}|}{|\boldsymbol{OB}|\Delta t}=\lim_{\Delta t\to 0}\frac{\left(1+\frac{\partial u}{\partial x}\Delta t\right)\Delta x-\Delta x+\cdots}{\Delta x\Delta t}$$

即

$$\varepsilon_{xx}=\frac{\partial u}{\partial x} \tag{4-3-3}$$

同理,可得 y 方向和 z 方向的流体线的线变形速率为

$$\varepsilon_{yy}=\frac{\partial v}{\partial y} \tag{4-3-4}$$

$$\varepsilon_{zz}=\frac{\partial w}{\partial z} \tag{4-3-5}$$

流体微团体积在单位时间内的相对变化称为流体微团的体积膨胀速率,即

$$\begin{aligned}\lim_{\substack{\Delta\tau\to 0\\ \Delta t\to 0}}\frac{\Delta(\Delta\tau)}{\Delta t\Delta\tau}&=\lim_{\substack{\Delta\tau\to 0\\ \Delta t\to 0}}\frac{\left(1+\frac{\partial u}{\partial x}\Delta t\right)\left(1+\frac{\partial v}{\partial y}\Delta t\right)\left(1+\frac{\partial w}{\partial z}\Delta t\right)(\Delta x\Delta y\Delta z)-\Delta x\Delta y\Delta z+\cdots}{\Delta x\Delta y\Delta z\Delta t}\\&=\frac{\partial u}{\partial x}+\frac{\partial v}{\partial y}+\frac{\partial w}{\partial z}\\&=\boldsymbol{\nabla}\cdot\boldsymbol{V}\end{aligned} \tag{4-3-6}$$

可见,流体的体积膨胀速率等于 3 个方向上的线变形速率之和,也就是流体速度的散度。

对于不可压缩流体,其体积不会变化,所以

$$\boldsymbol{\nabla}\cdot\boldsymbol{V}=0 \tag{4-3-7}$$

式(4-3-7)可视为不可压缩条件或不可压缩流体的连续方程。

2. 流体旋转角速度

过同一点 O 的任意两条正交微元流体线,在它们所在平面上的旋转角速度的平均值称作 O 点流体的旋转角速度在垂直于该平面方向上的分量。

以垂直于 y 轴的平面为例,过 O 点分别作平行于 x 轴和 z 轴的微元流体线段 $\overline{OB}$ 和 $\overline{OC}$,则在 O 点的流体旋转角速度在 y 轴上的投影等于 $\overline{OB}$ 和 $\overline{OC}$ 在 Oxz 平面上的旋转角速度的平均值。

如图 4-5 所示,在 $t+\Delta t$ 时刻,$\overline{OB}$、$\overline{OC}$ 分别运动到 $\overline{O'B'}$ 和 $\overline{O'C'}$,它们相对于原来方向分别转动了 α_1 角和 α_2 角。因此平均转动角为

$$\alpha=\frac{1}{2}(\alpha_1+\alpha_2) \tag{4-3-8}$$

而

$$\alpha_1\approx\frac{BB'}{OB}\approx\frac{BB''}{OB}\approx\frac{-\frac{\partial w}{\partial x}\Delta x\Delta t}{\Delta x}=-\frac{\partial w}{\partial x}\Delta t \tag{4-3-9}$$

$$\alpha_2\approx\frac{CC'}{OC}\approx\frac{CC''}{OC}\approx\frac{\frac{\partial u}{\partial z}\Delta z\Delta t}{\Delta z}=\frac{\partial u}{\partial z}\Delta t \tag{4-3-10}$$

所以

$$\alpha=\frac{1}{2}(\alpha_1+\alpha_2)=\frac{1}{2}\left(\frac{\partial u}{\partial z}-\frac{\partial w}{\partial x}\right)\Delta t \tag{4-3-11}$$

用 ω_y 表示流体微团在 O 点的旋转角速度在 y 轴方向上的分量,根据流体旋转角速度

的定义有

$$\omega_y = \lim_{\Delta t \to 0} \frac{\alpha}{\Delta t} = \lim_{\Delta t \to 0} \frac{1}{2}\left(\frac{\alpha_1}{\Delta t} + \frac{\alpha_2}{\Delta t}\right) \tag{4-3-12}$$

即

$$\omega_y = \frac{1}{2}\left(\frac{\partial u}{\partial z} - \frac{\partial w}{\partial x}\right) \tag{4-3-13}$$

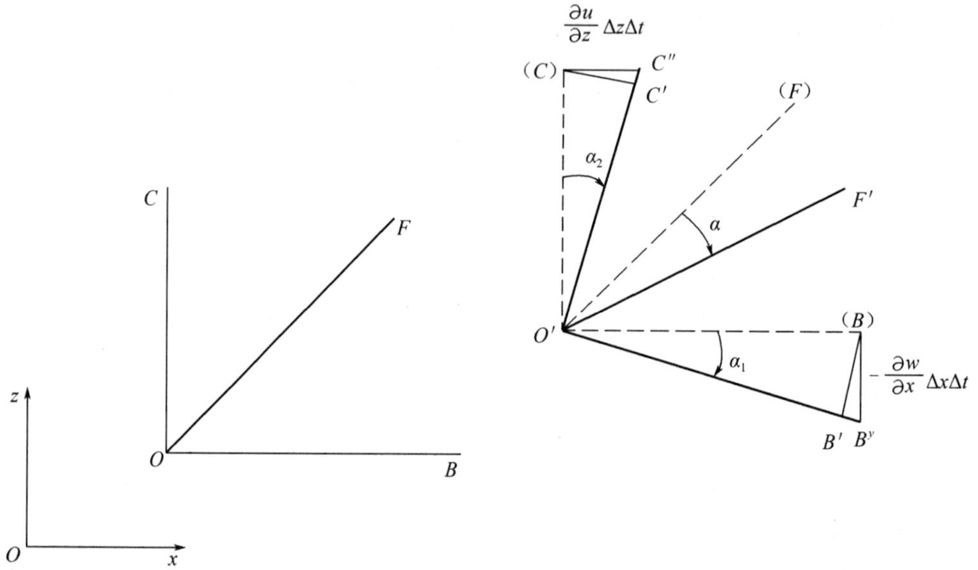

图 4-5　流体的转动

同理，可以得到其余 2 个平面上流体微团分别绕 x 轴及 z 轴的旋转角速度 ω_x、ω_z：

$$\omega_x = \frac{1}{2}\left(\frac{\partial w}{\partial y} - \frac{\partial v}{\partial z}\right) \tag{4-3-14}$$

$$\omega_z = \frac{1}{2}\left(\frac{\partial v}{\partial x} - \frac{\partial u}{\partial y}\right) \tag{4-3-15}$$

整个流体微团的转动角速度 ω 为

$$\begin{aligned} \boldsymbol{\omega} &= \boldsymbol{i}\omega_x + \boldsymbol{j}\omega_y + \boldsymbol{k}\omega_z \\ &= \boldsymbol{i}\frac{1}{2}\left(\frac{\partial \omega}{\partial y} - \frac{\partial v}{\partial z}\right) + \boldsymbol{j}\frac{1}{2}\left(\frac{\partial u}{\partial z} - \frac{\partial \omega}{\partial x}\right) + \boldsymbol{k}\frac{1}{2}\left(\frac{\partial v}{\partial x} - \frac{\partial u}{\partial y}\right) \end{aligned}$$

于是得

$$\boldsymbol{\omega} = \frac{1}{2}\nabla \times \boldsymbol{V} \tag{4-3-16}$$

可见，按上面定义的流体旋转角速度正好等于流体的旋转旋度的一半。

3. 角变形速率

过 O 点可以作 3 个正交微元流体面，每个流体面有 2 条过 O 点的正交边，平面中每条边与 2 条正交边夹角的角平分线的夹角在单位时间内的变化的称作角变形速率。可见每个平面有 2 个角变形速率。

以垂直于 y 轴的平面 $OBFC$ 为例，如图 4-5 所示，经 Δt 时间后 $\angle FOB$ 变为 $\angle F'O'B'$，$\angle COF$ 变为 $\angle C'O'F'$。今定义角变形速率 ε_{xz}、ε_{zx} 分别为

$$\varepsilon_{xz}=\lim_{\Delta t\to 0}\frac{\angle FOB-\angle F'O'B'}{\Delta t} \tag{4-3-17}$$

$$\varepsilon_{zx}=\lim_{\Delta t\to 0}\frac{\angle COF-\angle C'O'F'}{\Delta t} \tag{4-3-18}$$

ε_{xz} 的第一个下标 x 表示转动的流体边平行于 x 轴，第二个下标 z 表示流体边的端点在 z 轴方向上产生位移。

由图 4-5 的几何关系可知

$$\begin{aligned}\angle FOB-\angle F'O'B' &= \angle FOF'-\alpha_1\\ &=\alpha-\alpha_1\\ &=\frac{1}{2}(\alpha_2-\alpha_1)\\ &\approx\frac{1}{2}\left(\frac{\partial u}{\partial z}+\frac{\partial w}{\partial x}\right)\Delta t\end{aligned} \tag{4-3-19}$$

$$\begin{aligned}\angle COF-\angle C'O'F' &=\alpha_2-\angle FOF'\\ &=\alpha_2-\alpha\\ &\approx\frac{1}{2}\left(\frac{\partial u}{\partial z}+\frac{\partial w}{\partial x}\right)\Delta t\end{aligned} \tag{4-3-20}$$

所以有

$$\varepsilon_{xz}=\varepsilon_{zx}=\frac{1}{2}\left(\frac{\partial u}{\partial z}+\frac{\partial w}{\partial x}\right) \tag{4-3-21}$$

用类似的方法可求得其他 2 个平面上的角变形速率分别为

$$\varepsilon_{xy}=\varepsilon_{yx}=\frac{1}{2}\left(\frac{\partial u}{\partial y}+\frac{\partial v}{\partial x}\right) \tag{4-3-22}$$

$$\varepsilon_{yz}=\varepsilon_{zy}=\frac{1}{2}\left(\frac{\partial w}{\partial y}+\frac{\partial v}{\partial z}\right) \tag{4-3-23}$$

可见，六面体的角变形速率虽然有 6 个，但其中只有 3 个是独立的。

综上所述，正交六面体的运动总是可以分解成：整体平移运动、流体旋转运动、线变形运动及角变形运动。与此相应的是平移速度、旋转角速度、线变形速率、角变形速率。除平移外，六面体的运动状态在一般情况下需用 9 个独立分量来描述，即 ω_x、ω_y、ω_z、ε_{xx}、ε_{yy}、ε_{zz}、ε_{yz}、ε_{zx}、ε_{xy}。这 9 个分量又是由 $\partial u/\partial x$、$\partial u/\partial y$、$\partial u/\partial z$、$\partial v/\partial x$、$\partial v/\partial y$、$\partial v/\partial z$、$\partial w/\partial x$、$\partial w/\partial y$、$\partial w/\partial z$ 9 个分量组合而成的。从本质上说，由后面这 9 个分量也可以完全确定六面体的运动状态，但是前者有明确的物理含义，因此往往用前面 9 个分量来描述六面体的运动状态。

4.3.2　变形率张量和涡量张量

根据张量分解定理可知，一个二阶张量可以分解为一个对称分量 $\boldsymbol{\varepsilon}$ 和一个反对称张量 $\boldsymbol{a}$，于是速度梯度张量可表示为

$$\nabla\boldsymbol{V}=\frac{1}{2}[\nabla\boldsymbol{V}+(\nabla\boldsymbol{V})_c]+\frac{1}{2}[\nabla\boldsymbol{V}-(\nabla\boldsymbol{V})_c]=\boldsymbol{\varepsilon}+\boldsymbol{a} \tag{4-3-24}$$

式中

$$\boldsymbol{\varepsilon}=\frac{1}{2}[\nabla \boldsymbol{V}+(\nabla \boldsymbol{V})_c] \tag{4-3-25}$$

$$\boldsymbol{a}=\frac{1}{2}[\nabla \boldsymbol{V}-(\nabla \boldsymbol{V})_c] \tag{4-3-26}$$

在笛卡儿直角坐标系中,式(4-3-24)~式(4-3-26)可改写为

$$\frac{\partial V_\beta}{\partial x_\alpha}=\varepsilon_{\alpha\beta}+a_{\alpha\beta} \tag{4-3-27}$$

$$\varepsilon_{\alpha\beta}=\frac{1}{2}\left(\frac{\partial V_\beta}{\partial x_\alpha}+\frac{\partial V_\alpha}{\partial x_\beta}\right)=\varepsilon_{\beta\alpha} \tag{4-3-28}$$

$$a_{\alpha\beta}=\frac{1}{2}\left(\frac{\partial V_\beta}{\partial x_\alpha}-\frac{\partial V_\alpha}{\partial x_\beta}\right)=-a_{\beta\alpha} \tag{4-3-29}$$

式中

$$\boldsymbol{\varepsilon}=\boldsymbol{i}_\alpha\varepsilon_{\alpha\beta}\boldsymbol{i}_\beta \tag{4-3-30}$$

$$\boldsymbol{a}=\boldsymbol{i}_\alpha a_{\alpha\beta}\boldsymbol{i}_\beta \tag{4-3-31}$$

张量 $\boldsymbol{\varepsilon}$ 是变形速率,是决定一个流体微团变形运动的二阶对称张量,也称为变形率张量。

根据式(4-3-16),平均旋转角速度矢量 $\boldsymbol{\omega}$ 可表示为

$$\boldsymbol{\omega}=\frac{1}{2}\nabla\times\boldsymbol{V} \tag{4-3-32}$$

那么

$$\omega_\gamma=\frac{1}{2}e_{ij\gamma}\frac{\partial V_j}{\partial x_i} \tag{4-3-33}$$

$$\begin{aligned}e_{\alpha\beta\gamma}\omega_\gamma&=\frac{1}{2}e_{\alpha\beta\gamma}e_{ij\gamma}\frac{\partial V_j}{\partial x_i}=\frac{1}{2}(\delta_{\alpha i}\delta_{\beta j}-\delta_{\alpha j}\delta_{\beta i})\frac{\partial V_j}{\partial x_i}\\&=\frac{1}{2}\left(\frac{\partial V_\beta}{\partial x_\alpha}-\frac{\partial V_\alpha}{\partial x_\beta}\right)\end{aligned} \tag{4-3-34}$$

与式(4-3-27)比较可知

$$a_{\alpha\beta}=e_{\alpha\beta\gamma}\omega_\gamma \tag{4-3-35}$$

式(4-3-35)说明,二阶反对称张量 $a_{\alpha\beta}$ 只有 3 个独立分量,它们组成一个矢量 $\boldsymbol{\omega}$,即平均旋转角速度矢量。因此,张量 $a_{\alpha\beta}$ 决定了流体微团的旋转运动,故称为涡量张量。

任意矢量 $\boldsymbol{B}$ 与涡量张量 $\boldsymbol{a}$ 的内积等于矢量 $\boldsymbol{\omega}$ 与矢量 $\boldsymbol{B}$ 的矢积。因为

$$\boldsymbol{B}\cdot\boldsymbol{a}=B_k\boldsymbol{i}_k\cdot\boldsymbol{i}_\alpha a_{\alpha\beta}\boldsymbol{i}_\beta=B_k\delta_{\alpha k}a_{\alpha\beta}\boldsymbol{i}_\beta=a_{\alpha\beta}B_\alpha\boldsymbol{i}_\beta=e_{\alpha\beta\gamma}\omega_\gamma B_\alpha\boldsymbol{i}_\beta=\boldsymbol{\omega}\times\boldsymbol{B} \tag{4-3-36}$$

这正是二阶反对称张量所具有的性质。

4.3.3 亥姆霍兹速度分解定理

下面分析流体中任意相邻两质点的速度关系。

观察流场中任一流体微团,如图 4-6 所示。

微团上的某点 $O(x,y,z)$ 在 t 时刻的速度为

$$\boldsymbol{V}_O(x,y,z,t)=u_{xO}(x,y,z,t)\boldsymbol{i}+u_{yO}(x,y,z,t)\boldsymbol{j}+u_{zO}(x,y,z,t)\boldsymbol{k} \tag{4-3-37}$$

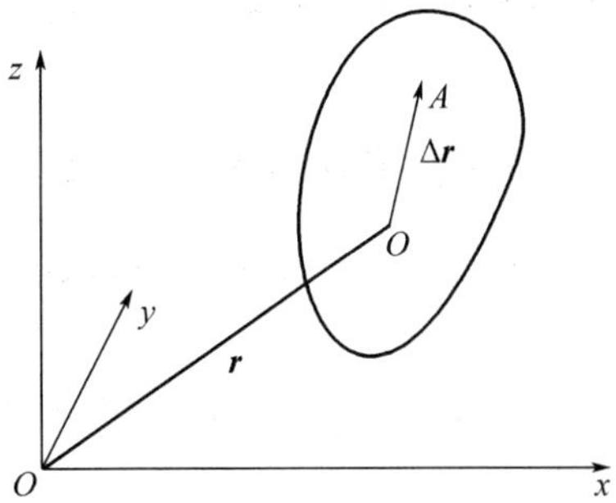

图 4-6 相邻两质点的速度关系

同一时刻另一点 $A(x+\Delta x, y+\Delta y, z+\Delta z)$ 的速度为

$$\begin{aligned}\boldsymbol{V}_A(x+\Delta x, y+\Delta y, z+\Delta z, t) = {} & u_{xA}(x+\Delta x, y+\Delta y, z+\Delta z, t)\boldsymbol{i}+\\ & u_{yA}(x+\Delta x, y+\Delta y, z+\Delta z, t)\boldsymbol{j}+\\ & u_{zA}(x+\Delta x, y+\Delta y, z+\Delta z, t)\boldsymbol{k}\end{aligned} \tag{4-3-38}$$

式(4-3-38)可展成泰勒级数,忽略高阶小量并省去式中的下标"O",有

$$\begin{aligned}\boldsymbol{V}_A(x+\Delta x, y+\Delta y, z+\Delta z, t) &= \boldsymbol{V}(x, y, z, t)+\frac{\partial V}{\partial x}\Delta x+\frac{\partial V}{\partial y}\Delta y+\frac{\partial V}{\partial z}\Delta z\\ &= \left[u_x+\frac{\partial u}{\partial x}\Delta x+\frac{\partial u}{\partial y}\Delta y+\frac{\partial u}{\partial z}\Delta z\right]\boldsymbol{i}+\left[u_y+\frac{\partial v}{\partial x}\Delta x+\frac{\partial v}{\partial y}\Delta y+\frac{\partial v}{\partial z}\Delta z\right]\boldsymbol{j}+\\ &\quad \left[u_z+\frac{\partial w}{\partial x}\Delta x+\frac{\partial w}{\partial y}\Delta y+\frac{\partial w}{\partial z}\Delta z\right]\boldsymbol{k}\end{aligned} \tag{4-3-39}$$

由式(4-3-39)可见,点 A 的速度可以用点 O 的速度及 9 个速度分量的偏导数来表示。前面已经提及,这 9 个分量可以组成旋转角速度分量、角变形速率分量及相对线变形速率等 9 个分量,因此可以按这些物理量的定义式来改造式(4-3-39)。于是

$$\begin{aligned}\boldsymbol{V}(x+\Delta x, y+\Delta y, z+\Delta z, t) = {} & \left[u_x+\frac{1}{2}\left(\frac{\partial u_x}{\partial z}-\frac{\partial u_z}{\partial x}\right)\Delta z-\frac{1}{2}\left(\frac{\partial u_y}{\partial x}-\frac{\partial u_x}{\partial y}\right)\Delta y+\frac{\partial u_x}{\partial x}\Delta x+\frac{1}{2}\left(\frac{\partial u_y}{\partial x}+\frac{\partial u_x}{\partial y}\right)\Delta y+\right.\\ & \left.\frac{1}{2}\left(\frac{\partial u_z}{\partial x}+\frac{\partial u_x}{\partial z}\right)\Delta z\right]\boldsymbol{i}+\left[u_y+\frac{1}{2}\left(\frac{\partial u_y}{\partial x}-\frac{\partial u_x}{\partial y}\right)\Delta x-\frac{1}{2}\left(\frac{\partial u_z}{\partial y}-\frac{\partial u_y}{\partial z}\right)\Delta z+\right.\\ & \left.\frac{1}{2}\left(\frac{\partial u_x}{\partial y}+\frac{\partial u_y}{\partial x}\right)\Delta x+\frac{\partial u_y}{\partial y}\Delta y+\frac{1}{2}\left(\frac{\partial u_z}{\partial y}+\frac{\partial u_y}{\partial z}\right)\Delta z\right]\boldsymbol{j}+\left[u_z+\frac{1}{2}\left(\frac{\partial u_z}{\partial y}-\frac{\partial u_y}{\partial z}\right)\Delta y-\right.\\ & \left.\frac{1}{2}\left(\frac{\partial u_x}{\partial z}-\frac{\partial u_z}{\partial x}\right)\Delta z+\frac{1}{2}\left(\frac{\partial u_x}{\partial z}+\frac{\partial u_z}{\partial x}\right)\Delta x+\frac{1}{2}\left(\frac{\partial u_y}{\partial z}+\frac{\partial u_z}{\partial y}\right)\Delta y+\frac{\partial u_z}{\partial z}\Delta z\right]\boldsymbol{k}\end{aligned} \tag{4-3-40}$$

式(4-3-40)可进一步简写为

$$\begin{aligned}\boldsymbol{V}(x+\Delta x, y+\Delta y, z+\Delta z, t) = {} & [u_x+\omega_y\Delta z-\omega_z\Delta y+\varepsilon_{xx}\Delta x+\varepsilon_{xy}\Delta y+\varepsilon_{xz}\Delta z]\boldsymbol{i}+\\ & [u_y+\omega_z\Delta x-\omega_x\Delta z+\varepsilon_{yx}\Delta x+\varepsilon_{yy}\Delta y+\varepsilon_{yz}\Delta z]\boldsymbol{j}+\\ & [u_z+\omega_x\Delta y-\omega_y\Delta z+\varepsilon_{zx}\Delta x+\varepsilon_{zy}\Delta y+\varepsilon_{zz}\Delta z]\boldsymbol{k}\end{aligned} \tag{4-3-41}$$

考虑到

$$\boldsymbol{\omega}\times\Delta\boldsymbol{r} = \pi\left(\frac{1}{2}\boldsymbol{\nabla}\times\boldsymbol{V}\right)\times\Delta\boldsymbol{r}$$

$$=(\omega_y\Delta z-\omega_z\Delta y)\boldsymbol{i}+(\omega_z\Delta x-\omega_x\Delta z)\boldsymbol{j}+(\omega_x\Delta y-\omega_y\Delta z)\boldsymbol{k} \tag{4-3-42}$$

式(4-3-41)可写成

$$\boldsymbol{V}(x+\Delta x,y+\Delta y,z+\Delta z,t)=\boldsymbol{V}+\frac{1}{2}(\nabla\times\boldsymbol{V})\times\Delta\boldsymbol{r}+\boldsymbol{i}(\varepsilon_{xx}\Delta x+\varepsilon_{xy}\Delta y+\varepsilon_{xz}\Delta z)+$$
$$\boldsymbol{j}(\varepsilon_{yx}\Delta x+\varepsilon_{yy}\Delta y+\varepsilon_{yz}\Delta z)+\boldsymbol{k}(\varepsilon_{zx}\Delta x+\varepsilon_{zy}\Delta y+\varepsilon_{zz}\Delta z) \tag{4-3-43}$$

式(4-3-43)等号右边的最后3项是一个向量,因此可以把它看成是向量 Δr 与一个二阶张量 $\boldsymbol{E}$ 的点积,即 $\Delta\boldsymbol{r}\cdot\boldsymbol{E}$,其中

$$\begin{aligned}\boldsymbol{E}&=\begin{pmatrix}\varepsilon_{xx}&\varepsilon_{xy}&\varepsilon_{xz}\\\varepsilon_{yx}&\varepsilon_{yy}&\varepsilon_{yz}\\\varepsilon_{zx}&\varepsilon_{zy}&\varepsilon_{zz}\end{pmatrix}\\&=\boldsymbol{i}\boldsymbol{\varepsilon}_x+\boldsymbol{j}\boldsymbol{\varepsilon}_y+\boldsymbol{k}\boldsymbol{\varepsilon}_z\\&=\boldsymbol{i}(\boldsymbol{i}\varepsilon_{xx}+\boldsymbol{j}\varepsilon_{xy}+\boldsymbol{k}\varepsilon_{xz})+\boldsymbol{j}(\boldsymbol{i}\varepsilon_{yx}+\boldsymbol{j}\varepsilon_{yy}+\boldsymbol{k}\varepsilon_{yz})+\boldsymbol{k}(\boldsymbol{i}\varepsilon_{zx}+\boldsymbol{j}\varepsilon_{zy}+\boldsymbol{k}\varepsilon_{zz})\\&=\boldsymbol{e}_i\boldsymbol{e}_j\varepsilon_{ij}\end{aligned} \tag{4-3-44}$$

于是

$$\begin{aligned}\Delta\boldsymbol{r}\cdot\boldsymbol{E}&=(\boldsymbol{i}\Delta x+\boldsymbol{j}\Delta y+\boldsymbol{k}\Delta z)\cdot[\boldsymbol{i}(\boldsymbol{i}\varepsilon_{xx}+\boldsymbol{j}\varepsilon_{xy}+\boldsymbol{k}\varepsilon_{xz})+\boldsymbol{j}(\boldsymbol{i}\varepsilon_{yx}+\boldsymbol{j}\varepsilon_{yy}+\boldsymbol{k}\varepsilon_{yz})+\boldsymbol{k}(\boldsymbol{i}\varepsilon_{zx}+\boldsymbol{j}\varepsilon_{zy}+\boldsymbol{k}\varepsilon_{zz})]\\&=\Delta x(\boldsymbol{i}\varepsilon_{xx}+\boldsymbol{j}\varepsilon_{xy}+\boldsymbol{k}\varepsilon_{xz})+\Delta y(\boldsymbol{i}\varepsilon_{yx}+\boldsymbol{j}\varepsilon_{yy}+\boldsymbol{k}\varepsilon_{yz})+\Delta z(\boldsymbol{i}\varepsilon_{zx}+\boldsymbol{j}\varepsilon_{zy}+\boldsymbol{k}\varepsilon_{zz})\\&=\boldsymbol{i}(\varepsilon_{xx}\Delta x+\varepsilon_{xy}\Delta y+\varepsilon_{xz}\Delta z)+\boldsymbol{j}(\varepsilon_{yx}\Delta x+\varepsilon_{yy}\Delta y+\varepsilon_{yz}\Delta z)+\boldsymbol{k}(\varepsilon_{zx}\Delta x+\varepsilon_{zy}\Delta y+\varepsilon_{zz}\Delta z)\\&=\boldsymbol{e}_j\varepsilon_{ij}\Delta x_i\end{aligned}$$

因此式(4-3-43)可以写成

$$\boldsymbol{V}_A=\boldsymbol{V}_O+\frac{1}{2}(\nabla\times\boldsymbol{V})_O\times\Delta\boldsymbol{r}+\Delta\boldsymbol{r}\cdot\boldsymbol{E} \tag{4-3-45}$$

这就是流体微团上任意两点速度关系的一般形式,称作亥姆霍兹速度分解定理。

亥姆霍兹速度分解定理可以简述如下:点 O 邻近的任意点 A 的速度可以分成3部分:①与点 O 的速度相同的平移速度 $\boldsymbol{V}_O$;②绕点 O 转动、在点 A 处引起的速度 $\frac{1}{2}(\nabla\times\boldsymbol{V})_O\times\Delta\boldsymbol{r}$;③变形在点 A 处引起的速度 $\Delta\boldsymbol{r}\cdot\boldsymbol{E}$。

若 $\nabla\times\boldsymbol{V}=0$,则称作无旋流动;若 $\nabla\times\boldsymbol{V}\neq0$,则称作有旋流动。

亥姆霍兹速度分解定理对于流体力学的发展有深远的影响,正是由于把流体的旋转运动从一般运动中分离出来,才有可能把流动分成无旋流动和有旋流动,从而可以对它们分别进行研究。正是由于把流体的变形运动从一般运动中分离出来,才有可能将流体变形速率与流体的应力联系起来,这对于黏性规律的研究有重大的影响。

4.4 流体力学基本方程的张量表达形式

随着张量分析在流体力学中的应用日益广泛,利用张量形式的基本方程来求解问题的情况也与日俱增。研究过有关质点与流体微团运动的内容之后,下面再介绍一些流体力学基本方程的张量表达形式。

4.4.1 流体力学基本方程

1. 连续性方程

对系统,有

$$\frac{\mathrm{D}}{\mathrm{D}t}\iiint_V \rho \mathrm{d}V = 0 \tag{4-4-1}$$

对控制体,有

$$\iiint \frac{\partial \rho}{\partial t}\mathrm{d}V + \oiint_s \rho \boldsymbol{v} \cdot \mathrm{d}\boldsymbol{s} = 0 \tag{4-4-2}$$

由此可知

$$\frac{\mathrm{D}(\rho \mathrm{d}V)}{\mathrm{D}t} = 0 \tag{4-4-3}$$

展开得

$$\frac{\mathrm{D}\rho}{\mathrm{D}t}\mathrm{d}V + \rho\frac{\mathrm{D}(\mathrm{d}V)}{\mathrm{D}t} = 0 \tag{4-4-4}$$

利用$\frac{\mathrm{D}(\mathrm{d}V)}{\mathrm{D}t}\frac{1}{\mathrm{d}V} = \boldsymbol{\nabla} \cdot \boldsymbol{v}$,得

$$\frac{\mathrm{D}\rho}{\mathrm{D}t} + \rho\boldsymbol{\nabla} \cdot \boldsymbol{v} = 0 \tag{4-4-5}$$

又因为$\frac{\partial \rho}{\partial t}\mathrm{d}V + \boldsymbol{\nabla} \cdot (\rho\boldsymbol{v})\mathrm{d}V = 0$,得

$$\frac{\partial \rho}{\partial t} + \boldsymbol{\nabla} \cdot (\rho\boldsymbol{v}) = 0 \tag{4-4-6}$$

从而可得

$$\frac{1}{\rho}\frac{\mathrm{D}\rho}{\mathrm{D}t} + \boldsymbol{\nabla} \cdot \boldsymbol{v} = 0 \tag{4-4-7}$$

2. 运动方程

流体运动遵循动量守恒定理,即

$$m\boldsymbol{a} = \sum \boldsymbol{F} \tag{4-4-8}$$

式中,$\boldsymbol{a} = \frac{\mathrm{D}\boldsymbol{v}}{\mathrm{D}t}$;$m = \rho \mathrm{d}V$。

又由于

$$\sum \boldsymbol{F} = \frac{\mathrm{d}\boldsymbol{F}}{\mathrm{d}V}\mathrm{d}V + \rho\boldsymbol{f}\mathrm{d}V \tag{4-4-9}$$

根据$\frac{\mathrm{d}\boldsymbol{F}}{\mathrm{d}V} = \frac{\partial p_\alpha}{\partial y_\alpha} = \boldsymbol{\nabla} \cdot \boldsymbol{\Pi}$,可得

$$\begin{cases} \rho\frac{\mathrm{D}\boldsymbol{v}}{\mathrm{D}t}\mathrm{d}V = \boldsymbol{\nabla} \cdot \boldsymbol{\Pi}\mathrm{d}V + \rho\boldsymbol{f}\mathrm{d}V \\ \frac{\mathrm{D}\boldsymbol{v}}{\mathrm{D}t} = -\frac{1}{\rho}\boldsymbol{\nabla}p + \frac{1}{\rho}\boldsymbol{\nabla} \cdot \boldsymbol{\Pi}' + \boldsymbol{f} \end{cases} \tag{4-4-10}$$

式中，$\frac{\mathrm{D}\boldsymbol{v}}{\mathrm{D}t}$ 为流体微团的加速度；$\frac{1}{\rho}\nabla p$ 为无黏压力梯度；$\frac{1}{\rho}\nabla\cdot\boldsymbol{\Pi}'$为黏性力；$\boldsymbol{\Pi}$ 为流体应力张量；$\boldsymbol{f}$ 为单位质量受到的质量力（如重力、磁力等）。

因此，有

$$\rho\frac{\partial\boldsymbol{v}}{\partial t}+\rho(\boldsymbol{v}\cdot\nabla)\boldsymbol{v}+\boldsymbol{v}\frac{\partial\rho}{\partial t}+\boldsymbol{v}\nabla\cdot(\rho\boldsymbol{v})=-\nabla p+\nabla\cdot\boldsymbol{\Pi}'+\rho\boldsymbol{f} \tag{4-4-11}$$

将式(4-4-11)等号左边后 3 项进行合并，有

$$\frac{\partial(\rho\boldsymbol{v})}{\partial t}+\nabla\cdot(\rho\boldsymbol{v}\boldsymbol{v})=-\nabla p+\nabla\cdot\boldsymbol{\Pi}'+\rho\boldsymbol{f} \tag{4-4-12}$$

或

$$\frac{\partial\boldsymbol{v}}{\partial t}+(\boldsymbol{v}\cdot\nabla)\boldsymbol{v}=\frac{1}{\rho}\nabla\cdot\boldsymbol{\Pi}+\boldsymbol{f} \tag{4-4-13}$$

对于理想流体有

$$\frac{\partial\boldsymbol{v}}{\partial t}+(\boldsymbol{v}\cdot\nabla)\boldsymbol{v}=-\frac{1}{\rho}\nabla p+\boldsymbol{f} \tag{4-4-14}$$

由

$$\nabla\left(\frac{v^2}{2}\right)=(\boldsymbol{v}\cdot\nabla)\boldsymbol{v}+\boldsymbol{v}\times(\nabla\times\boldsymbol{v}) \tag{4-4-15}$$

可将方程(4-4-14)改写为

$$\frac{\partial\boldsymbol{v}}{\partial t}+\nabla\left(\frac{v^2}{2}\right)-\boldsymbol{v}\times(\nabla\times\boldsymbol{v})=-\frac{\nabla p}{\rho}+\boldsymbol{f} \tag{4-4-16}$$

即兰姆型理想流体运动方程，简称兰姆方程。

3. 能量方程

对于一个微元系统，单位时间内自封闭系统周围向封闭系统内所传热量为

$$Q=\frac{\mathrm{D}e}{\mathrm{D}t}+\frac{\mathrm{D}L}{\mathrm{D}t} \tag{4-4-17}$$

$$e=u+\frac{v^2}{2} \tag{4-4-18}$$

式中，Q 为单位时间内导入单位质量流体的热量（即单位质量流体的导热速率）；e 为单位质量流体的总能；L 为单位质量流体所做的功；u 为单位质量流体的内能；$\frac{v^2}{2}$为单位质量流体的动能；$\frac{\mathrm{D}L}{\mathrm{D}t}$为微元体对外界做功的功率；$\frac{\mathrm{D}e}{\mathrm{D}t}$为微元体总能变化率。

对于微元导热，有

$$\begin{aligned}\iint_s\boldsymbol{n}\cdot\lambda\nabla T\mathrm{d}s&=\iint_s\lambda\frac{\partial T}{\partial n}\mathrm{d}s\\&=\iiint_V\nabla\cdot(\lambda\nabla T)\mathrm{d}V\end{aligned} \tag{4-4-19}$$

由此可得，单位质量流体的导热速率为

$$Q=\frac{1}{\rho}\nabla\cdot(\lambda\nabla T) \tag{4-4-20}$$

微元体对外界做功的功率为

$$\frac{\mathrm{D}L}{\mathrm{D}t}=-\frac{1}{\rho}\boldsymbol{\nabla}\cdot(\boldsymbol{\Pi}\cdot\boldsymbol{v})-\boldsymbol{f}\cdot\boldsymbol{v} \tag{4-4-21}$$

微元体总能变化率为

$$\frac{\mathrm{D}e}{\mathrm{D}t}=\frac{1}{\rho}\boldsymbol{\nabla}\cdot(\lambda\boldsymbol{\nabla}T)+\frac{1}{\rho}\boldsymbol{\nabla}\cdot(\boldsymbol{\Pi}\cdot\boldsymbol{v})+\boldsymbol{f}\cdot\boldsymbol{v} \tag{4-4-22}$$

式中，$\boldsymbol{\Pi}$ 为流体应力张量；$\frac{1}{\rho}\boldsymbol{\nabla}\cdot(\lambda\boldsymbol{\nabla}T)$ 为单位时间内导入的热量；$\frac{1}{\rho}\boldsymbol{\nabla}\cdot(\boldsymbol{\Pi}\cdot\boldsymbol{v})$ 为单位时间内应力做功；$\boldsymbol{f}\cdot\boldsymbol{v}$ 为单位时间内质量力做功。

对方程

$$\begin{aligned}\boldsymbol{\nabla}\cdot(\boldsymbol{\Pi}\cdot\boldsymbol{v})&=\boldsymbol{\nabla}\cdot[(-\boldsymbol{I}p+\boldsymbol{\Pi}')\cdot\boldsymbol{v}]\\&=-\boldsymbol{\nabla}\cdot(p\boldsymbol{v})+\boldsymbol{\nabla}\cdot(\boldsymbol{\Pi}'\cdot\boldsymbol{v})\end{aligned} \tag{4-4-23}$$

式中，$-\boldsymbol{\nabla}\cdot(p\boldsymbol{v})$ 为无黏表面力做功；$\boldsymbol{\nabla}\cdot(\boldsymbol{\Pi}'\cdot\boldsymbol{v})$ 为黏性表面力做功。

由此可知能量方程的表达式为

$$\begin{cases}e\dfrac{\partial\rho}{\partial t}+e\boldsymbol{\nabla}\cdot(\rho\boldsymbol{v})=0\\[2ex]\rho\dfrac{\partial e}{\partial t}+\rho\boldsymbol{v}\cdot\boldsymbol{\nabla}e+\boldsymbol{\nabla}\cdot(p\boldsymbol{v})-\boldsymbol{\nabla}\cdot(\boldsymbol{\Pi}'\cdot\boldsymbol{v})-\boldsymbol{\nabla}\cdot(\lambda\boldsymbol{\nabla}T)=\rho\boldsymbol{f}\cdot\boldsymbol{v}\end{cases} \tag{4-4-24}$$

$$\frac{\partial(\rho e)}{\partial t}+\boldsymbol{\nabla}\cdot[(\rho e+p)\boldsymbol{v}-\lambda\boldsymbol{\nabla}T-\boldsymbol{\Pi}'\cdot\boldsymbol{v}]=\boldsymbol{f}\cdot\boldsymbol{v} \tag{4-4-25}$$

将式（4-4-25）中总能 e 按式（4-4-18）展开可得

$$\frac{\partial(\rho u)}{\partial t}+\boldsymbol{\nabla}\cdot(\rho u\boldsymbol{v})=-p\boldsymbol{\nabla}\cdot\boldsymbol{v}+\Phi+\boldsymbol{\nabla}\cdot(\lambda\boldsymbol{\nabla}T) \tag{4-4-26}$$

式中，$\Phi=\boldsymbol{\Pi}':\boldsymbol{\nabla}\boldsymbol{V}=\lambda(\boldsymbol{\nabla}\cdot\boldsymbol{v})^2+2\mu\varepsilon:\varepsilon$，为耗散函数。

4.4.2　一般曲线坐标系中的基本方程展开式

1. 连续性方程

$$\frac{\partial\rho}{\partial t}+\boldsymbol{\nabla}\cdot(\rho\boldsymbol{v})=0 \tag{4-4-27}$$

在一般曲线坐标系中展开式（4-4-27），经过坐标变换得

$$\frac{\partial\rho}{\partial t}+\frac{1}{H_1H_2H_3}\left[\frac{\partial(H_2H_3\rho v^1)}{\partial x^1}+\frac{\partial(H_1H_3\rho v^2)}{\partial x^2}+\frac{\partial(H_1H_2\rho v^3)}{\partial x^3}\right]=0 \tag{4-4-28}$$

式中，H_1、H_2、H_3 为拉梅系数。

2. 运动方程

$$\frac{\partial\boldsymbol{v}}{\partial t}+(\boldsymbol{v}\cdot\boldsymbol{\nabla})\boldsymbol{v}=\frac{1}{\rho}\boldsymbol{\nabla}\cdot\boldsymbol{\Pi}+\boldsymbol{f} \tag{4-4-29}$$

在一般曲线坐标系中展开式（4-4-29），迁移项 $(\boldsymbol{v}\cdot\boldsymbol{\nabla})\boldsymbol{v}$ 的展开式如下：

$$(\boldsymbol{v}\cdot\boldsymbol{\nabla})\boldsymbol{v}=\left[\boldsymbol{v}\cdot\boldsymbol{\nabla}v^1+\frac{v^2}{H_2H_1}\left(v^1\frac{\partial H_1}{\partial u^2}-v^2\frac{\partial H_2}{\partial u^1}\right)+\frac{v^3}{H_3H_1}\left(v^1\frac{\partial H_1}{\partial u^3}-v^3\frac{\partial H_3}{\partial u^1}\right)\right]\boldsymbol{e}_1+$$

$$\left[\boldsymbol{v}\cdot\nabla v^2+\frac{v^3}{H_3H_2}\left(v^2\frac{\partial H_2}{\partial u^3}-v^3\frac{\partial H_3}{\partial u^2}\right)+\frac{v^1}{H_1H_2}\left(v^2\frac{\partial H_2}{\partial u^1}-v^1\frac{\partial H_1}{\partial u^2}\right)\right]\boldsymbol{e}_2+$$
$$\left[\boldsymbol{v}\cdot\nabla v^3+\frac{v^1}{H_1H_3}\left(v^3\frac{\partial H_3}{\partial u^1}-v^1\frac{\partial H_1}{\partial u^3}\right)+\frac{v^2}{H_2H_3}\left(v^3\frac{\partial H_3}{\partial u^2}-v^2\frac{\partial H_2}{\partial u^3}\right)\right]\boldsymbol{e}_3 \tag{4-4-30}$$

式中

$$\boldsymbol{v}\cdot\nabla v^1=\frac{v^1}{H_1}\frac{\partial v^1}{\partial u^1}+\frac{v^2}{H_2}\frac{\partial v^1}{\partial u^2}+\frac{v^3}{H_3}\frac{\partial v^1}{\partial u^3} \tag{4-4-31}$$

$$\boldsymbol{v}\cdot\nabla v^2=\frac{v^1}{H_1}\frac{\partial v^2}{\partial u^1}+\frac{v^2}{H_2}\frac{\partial v^2}{\partial u^2}+\frac{v^3}{H_3}\frac{\partial v^2}{\partial u^3} \tag{4-4-32}$$

$$\boldsymbol{v}\cdot\nabla v^3=\frac{v^1}{H_1}\frac{\partial v^3}{\partial u^1}+\frac{v^2}{H_2}\frac{\partial v^3}{\partial u^2}+\frac{v^3}{H_3}\frac{\partial v^3}{\partial u^3} \tag{4-4-33}$$

在一般曲线坐标系中,变形率张量 ε 的各个分量的表达式如下:

$$\varepsilon^{11}=\frac{1}{H_1}\frac{\partial v^1}{\partial u^1}+\frac{v^2}{H_1H_2}\frac{\partial H_1}{\partial u^2}+\frac{v^3}{H_3H_1}\frac{\partial H_1}{\partial u^3} \tag{4-4-34}$$

$$\varepsilon^{22}=\frac{1}{H_2}\frac{\partial v^2}{\partial u^2}+\frac{v^3}{H_2H_3}\frac{\partial H_2}{\partial u^3}+\frac{v^1}{H_1H_2}\frac{\partial H_2}{\partial u^1} \tag{4-4-35}$$

$$\varepsilon^{33}=\frac{1}{H_3}\frac{\partial v^3}{\partial u^3}+\frac{v^1}{H_1H_3}\frac{\partial H_3}{\partial u^1}+\frac{v^2}{H_2H_3}\frac{\partial H_3}{\partial u^2} \tag{4-4-36}$$

$$\varepsilon^{12}=\varepsilon^{21}=\frac{1}{2}\left[\frac{H_2}{H_1}\frac{\partial}{\partial u^1}\left(\frac{v^2}{H_2}\right)+\frac{H_1}{H_2}\frac{\partial}{\partial u^2}\left(\frac{v^1}{H_1}\right)\right] \tag{4-4-37}$$

$$\varepsilon^{23}=\varepsilon^{32}=\frac{1}{2}\left[\frac{H_3}{H_2}\frac{\partial}{\partial u^2}\left(\frac{v^3}{H_3}\right)+\frac{H_2}{H_3}\frac{\partial}{\partial u^3}\left(\frac{v^2}{H_2}\right)\right] \tag{4-4-38}$$

$$\varepsilon^{31}=\varepsilon^{13}=\frac{1}{2}\left[\frac{H_1}{H_3}\frac{\partial}{\partial u^3}\left(\frac{v^1}{H_1}\right)+\frac{H_3}{H_1}\frac{\partial}{\partial u^1}\left(\frac{v^3}{H_3}\right)\right] \tag{4-4-39}$$

对于牛顿流体,其应力张量 $\boldsymbol{\Pi}$ 的各个分量可以写为

$$\pi^{11}=-p+2\mu\varepsilon^{11}+\frac{2}{3}\mu(\varepsilon^{11}+\varepsilon^{22}+\varepsilon^{33}) \tag{4-4-40}$$

$$\pi^{22}=-p+2\mu\varepsilon^{22}+\frac{2}{3}\mu(\varepsilon^{11}+\varepsilon^{22}+\varepsilon^{33}) \tag{4-4-41}$$

$$\pi^{33}=-p+2\mu\varepsilon^{33}+\frac{2}{3}\mu(\varepsilon^{11}+\varepsilon^{22}+\varepsilon^{33}) \tag{4-4-42}$$

$$\pi^{12}=\pi^{21}=2\mu\varepsilon^{12} \tag{4-4-43}$$

$$\pi^{23}=\pi^{32}=2\mu\varepsilon^{23} \tag{4-4-44}$$

$$\pi^{31}=\pi^{13}=2\mu\varepsilon^{31} \tag{4-4-45}$$

由此,式(4-4-29)中应力张量的散度$\nabla\cdot\boldsymbol{\Pi}$可在一般曲线坐标系中展开为

$$\nabla\cdot\boldsymbol{\Pi}=\left(\boldsymbol{e}^1\frac{1}{H_1}\frac{\partial}{\partial u^1}+\boldsymbol{e}^2\frac{1}{H_2}\frac{\partial}{\partial u^2}+\boldsymbol{e}^3\frac{1}{H_3}\frac{\partial}{\partial u^3}\right)\cdot$$
$$[\boldsymbol{e}_1(\pi^{11}\boldsymbol{e}_1+\pi^{12}\boldsymbol{e}_2+\pi^{13}\boldsymbol{e}_3)+\boldsymbol{e}_2(\pi^{21}\boldsymbol{e}_1+\pi^{22}\boldsymbol{e}_2+\pi^{23}\boldsymbol{e}_3)+$$
$$\boldsymbol{e}_3(\pi^{31}\boldsymbol{e}_1+\pi^{32}\boldsymbol{e}_2+\pi^{33}\boldsymbol{e}_3)] \tag{4-4-46}$$

$$\nabla\cdot\boldsymbol{\Pi}=\left\{\frac{1}{H_1H_2H_3}\left[\frac{\partial}{\partial u^1}(H_2H_3\pi^{11})+\frac{\partial}{\partial u^2}(H_3H_1\pi^{12})+\frac{\partial}{\partial u^3}(H_1H_2\pi^{13})\right]+\right.$$
$$\left.\pi^{12}\frac{1}{H_1H_2}\frac{\partial H_1}{\partial u^2}+\pi^{31}\frac{1}{H_1H_3}\frac{\partial H_1}{\partial u^3}-\pi^{22}\frac{1}{H_1H_2}\frac{\partial H_2}{\partial u^1}-\pi^{33}\frac{1}{H_1H_3}\frac{\partial H_3}{\partial u^1}\right\}\boldsymbol{e}_1+$$
$$\left\{\frac{1}{H_1H_2H_3}\left[\frac{\partial}{\partial u^1}(H_2H_3\pi^{21})+\frac{\partial}{\partial u^2}(H_3H_1\pi^{22})+\frac{\partial}{\partial u^3}(H_1H_2\pi^{23})\right]+\right.$$
$$\left.\pi^{23}\frac{1}{H_2H_3}\frac{\partial H_2}{\partial u^3}+\pi^{12}\frac{1}{H_2H_1}\frac{\partial H_2}{\partial u^1}-\pi^{33}\frac{1}{H_2H_3}\frac{\partial H_3}{\partial u^2}-\pi^{11}\frac{1}{H_2H_1}\frac{\partial H_1}{\partial u^2}\right\}\boldsymbol{e}_2\cdot$$
$$\left\{\frac{1}{H_1H_2H_3}\left[\frac{\partial}{\partial u^1}(H_2H_3\pi^{31})+\frac{\partial}{\partial u^2}(H_3H_1\pi^{32})+\frac{\partial}{\partial u^3}(H_1H_2\pi^{33})\right]+\right.$$
$$\left.\pi^{31}\frac{1}{H_3H_1}\frac{\partial H_3}{\partial u^1}+\pi^{23}\frac{1}{H_3H_2}\frac{\partial H_3}{\partial u^2}-\pi^{11}\frac{1}{H_3H_1}\frac{\partial H_1}{\partial u^3}-\pi^{22}\frac{1}{H_3H_2}\frac{\partial H_2}{\partial u^3}\right\}\boldsymbol{e}_3 \qquad (4-4-47)$$

兰姆型理想流体运动方程为

$$\frac{\partial\boldsymbol{v}}{\partial t}+\nabla\left(\frac{v^2}{2}\right)-\boldsymbol{v}\times(\nabla\times\boldsymbol{v})=-\frac{\nabla p}{\rho}+\boldsymbol{f} \qquad (4-4-48)$$

在一般曲线坐标系中展开式(4-4-48),式中各项的展开式如下：

$$\nabla\left(\frac{v^2}{2}\right)=\frac{\boldsymbol{e}_1}{H_1}\frac{\partial}{\partial x^1}\left(\frac{v^2}{2}\right)+\frac{\boldsymbol{e}_2}{H_2}\frac{\partial}{\partial x^2}\left(\frac{v^2}{2}\right)+\frac{\boldsymbol{e}_3}{H_3}\frac{\partial}{\partial x^3}\left(\frac{v^2}{2}\right) \qquad (4-4-49)$$

$$\boldsymbol{v}\times(\nabla\times\boldsymbol{v})=(\boldsymbol{e}_1v^1+\boldsymbol{e}_2v^2+\boldsymbol{e}_3v^3)\times\begin{vmatrix}\dfrac{\boldsymbol{e}_1}{H_2H_3} & \dfrac{\boldsymbol{e}_2}{H_1H_3} & \dfrac{\boldsymbol{e}_3}{H_1H_2}\\ \dfrac{\partial}{\partial x^1} & \dfrac{\partial}{\partial x^2} & \dfrac{\partial}{\partial x^3}\\ H_1v^1 & H_2v^2 & H_3v^3\end{vmatrix} \qquad (4-4-50)$$

式中,$\nabla p=\frac{\partial p}{\partial x^1}\frac{\boldsymbol{e}_1}{H_1}+\frac{\partial p}{\partial x^2}\frac{\boldsymbol{e}_2}{H_2}+\frac{\partial p}{\partial x^3}\frac{\boldsymbol{e}_3}{H_3}$。

因此,兰姆型理想流体运动方程可表示为

$$\frac{\partial\boldsymbol{v}}{\partial t}+\frac{\boldsymbol{e}_1}{H_1}\frac{\partial}{\partial x^1}\left(\frac{v^2}{2}\right)+\frac{\boldsymbol{e}_2}{H_2}\frac{\partial}{\partial x^2}\left(\frac{v^2}{2}\right)+\frac{\boldsymbol{e}_3}{H_3}\frac{\partial}{\partial x^3}\left(\frac{v^2}{2}\right)-(\boldsymbol{e}_1v^1+\boldsymbol{e}_2v^2+\boldsymbol{e}_3v^3)\times$$
$$\begin{vmatrix}\dfrac{\boldsymbol{e}_1}{H_2H_3} & \dfrac{\boldsymbol{e}_2}{H_1H_3} & \dfrac{\boldsymbol{e}_3}{H_1H_2}\\ \dfrac{\partial}{\partial x^1} & \dfrac{\partial}{\partial x^2} & \dfrac{\partial}{\partial x^3}\\ H_1v^1 & H_2v^2 & H_3v^3\end{vmatrix}=-\frac{1}{\rho}\left(\frac{\partial p}{\partial x^1}\frac{\boldsymbol{e}_1}{H_1}+\frac{\partial p}{\partial x^2}\frac{\boldsymbol{e}_2}{H_2}+\frac{\partial p}{\partial x^3}\frac{\boldsymbol{e}_3}{H_3}\right)+\boldsymbol{f} \qquad (4-4-51)$$

3. 能量方程

$$\frac{\partial(\rho u)}{\partial t}+\nabla\cdot(\rho u\boldsymbol{v})=-p\nabla\cdot\boldsymbol{v}+\Phi+\nabla\cdot(\lambda\nabla T) \qquad (4-4-52)$$

在一般曲线坐标系中展开式(4-4-52),经过坐标变换得

$$\nabla\cdot(\rho u\boldsymbol{v})=\frac{1}{H_1H_2H_3}\left(\frac{\partial H_2H_3\rho uv^1}{\partial x^1}+\frac{\partial H_1H_3\rho uv^2}{\partial x^2}+\frac{\partial H_1H_2\rho uv^3}{\partial x^3}\right) \qquad (4-4-53)$$

$$\nabla\cdot\boldsymbol{v}=\frac{1}{H_1H_2H_3}\left(\frac{\partial H_2H_3v^1}{\partial x^1}+\frac{\partial H_1H_3v^2}{\partial x^2}+\frac{\partial H_1H_2v^3}{\partial x^3}\right) \tag{4-4-54}$$

$$\nabla T=\frac{\partial T}{\partial x^1}\frac{\boldsymbol{e}_1}{H_1}+\frac{\partial T}{\partial x^2}\frac{\boldsymbol{e}_2}{H_2}+\frac{\partial T}{\partial x^3}\frac{\boldsymbol{e}_3}{H_3} \tag{4-4-55}$$

$$\nabla\cdot(\lambda\nabla T)=\frac{1}{H_1H_2H_3}\left[\frac{\partial\left(\frac{H_2H_3}{H_1}\frac{\partial T}{\partial x^1}\right)}{\partial x^1}+\frac{\partial\left(\frac{H_1H_3}{H_2}\frac{\partial T}{\partial x^2}\right)}{\partial x^2}+\frac{\partial\left(\frac{H_1H_2}{H_3}\frac{\partial T}{\partial x^3}\right)}{\partial x^3}\right] \tag{4-4-56}$$

$$\Phi=\lambda(\nabla\cdot\boldsymbol{v})^2+2\mu\varepsilon^{ij}\varepsilon^{ij} \tag{4-4-57}$$

4.4.3 柱面坐标系中的基本方程展开式

对于圆柱坐标系 $u_1=r$、$u_2=\theta$、$u_3=0$，因此 $H_1=1$、$H_2=r$、$H_3=1$。

1. 连续性方程

$$\frac{\partial\rho}{\partial t}+\frac{1}{H_1H_2H_3}\left[\frac{\partial(H_2H_3\rho v^1)}{\partial x^1}+\frac{\partial(H_1H_3\rho v^2)}{\partial x^2}+\frac{\partial(H_1H_2\rho v^3)}{\partial x^3}\right]=0 \tag{4-4-58}$$

代入 $H_1=1$、$H_2=r$、$H_3=1$，得

$$\frac{\partial\rho}{\partial t}+\frac{1}{r}\frac{\partial(r\rho v^r)}{\partial r}+\frac{1}{r}\frac{\partial(\rho v^\theta)}{\partial\theta}+\frac{\partial(\rho v^z)}{\partial z}=0 \tag{4-4-59}$$

2. 运动方程

在圆柱坐标系中，迁移项$(\boldsymbol{v}\cdot\nabla)\boldsymbol{v}$、变形速率分量 ε^{ij}、应力张量散度$\nabla\cdot\boldsymbol{\Pi}$ 的展开式如下：

$$\begin{aligned}(\boldsymbol{v}\cdot\nabla)\boldsymbol{v}=&\left[v^r\frac{\partial v^r}{\partial r}+\frac{v^\theta}{r}\frac{\partial v^r}{\partial\theta}+v^z\frac{\partial v^r}{\partial z}-\frac{(v^\theta)^2}{r}\right]\boldsymbol{e}_r+\\&\left(v^r\frac{\partial v^\theta}{\partial r}+\frac{v^\theta}{r}\frac{\partial v^\theta}{\partial\theta}+v^z\frac{\partial v^\theta}{\partial z}+\frac{v^rv^\theta}{r}\right)\boldsymbol{e}_\theta+\\&\left(v^r\frac{\partial v^z}{\partial r}+\frac{v^\theta}{r}\frac{\partial v^z}{\partial\theta}+v^z\frac{\partial v^z}{\partial z}\right)\boldsymbol{e}_z\end{aligned} \tag{4-4-60}$$

$$\varepsilon^{rr}=\frac{\partial v^r}{\partial r} \tag{4-4-61}$$

$$\varepsilon^{\theta\theta}=\frac{1}{r}\frac{\partial v^\theta}{\partial\theta}+\frac{v^r}{r} \tag{4-4-62}$$

$$\varepsilon^{zz}=\frac{\partial v^z}{\partial z} \tag{4-4-63}$$

$$\varepsilon^{r\theta}=\frac{1}{2}\left[\frac{1}{r}\frac{\partial v^r}{\partial\theta}+r\frac{\partial}{\partial r}\left(\frac{v^\theta}{r}\right)\right] \tag{4-4-64}$$

$$\varepsilon^{\theta z}=\frac{1}{2}\left[r\frac{\partial}{\partial z}\left(\frac{v^\theta}{r}\right)+\frac{1}{r}\frac{\partial v^z}{\partial\theta}\right] \tag{4-4-65}$$

$$\varepsilon^{\theta r}=\frac{1}{2}\left(\frac{\partial v^z}{\partial r}+\frac{\partial v^r}{\partial z}\right) \tag{4-4-66}$$

$$\nabla\cdot\boldsymbol{\Pi}=\left(\frac{\partial\pi^{rr}}{\partial r}+\frac{1}{r}\frac{\partial\pi^{r\theta}}{\partial\theta}+\frac{\partial\pi^{zr}}{\partial z}+\frac{\pi^{rr}-\pi^{\theta\theta}}{r}\right)\boldsymbol{e}^r+$$

$$\left(\frac{\partial\pi^{\theta r}}{\partial r}+\frac{1}{r}\frac{\partial\pi^{\theta\theta}}{\partial\theta}+\frac{\partial\pi^{\theta z}}{\partial z}+\frac{2\pi^{\theta r}}{r}\right)\boldsymbol{e}^{\theta}+$$

$$\left(\frac{\partial\pi^{zr}}{\partial r}+\frac{1}{r}\frac{\partial\pi^{z\theta}}{\partial\theta}+\frac{\partial\pi^{zz}}{\partial z}+\frac{\pi^{zr}}{r}\right)\boldsymbol{e}^{r} \tag{4-4-67}$$

其中,应力张量分量表达式 π^{ij} 与式(4-4-40)~式(4-4-45)相同。

将式(4-4-60)、式(4-4-67)及圆柱坐标系坐标变换系数 $H_1=1$、$H_2=r$、$H_3=1$ 代入式(4-4-29),便可以得到黏性流体的运动方程。对于不可压流体$\boldsymbol{\nabla}\cdot\boldsymbol{v}=0$,代入之后展开可以得到3个方向的运动方程:

$$\frac{\partial v^r}{\partial t}+v^r\frac{\partial v^r}{\partial r}+\frac{v^\theta}{r}\frac{\partial v^r}{\partial\theta}+v^z\frac{\partial v^r}{\partial z}-\frac{(v^\theta)^2}{r}=-\frac{1}{\rho}\frac{\partial p}{\partial r}+f^r+\frac{\mu}{\rho}\left\{\frac{\partial}{\partial r}\left[\frac{1}{r}\frac{\partial}{\partial r}(rv^r)\right]+\frac{1}{r^2}\frac{\partial^2 v^r}{\partial\theta^2}-\frac{2}{r^2}\frac{\partial v^\theta}{\partial\theta}+\frac{\partial^2 v^r}{\partial z^2}\right\} \tag{4-4-68}$$

$$\frac{\partial v^\theta}{\partial t}+v^r\frac{\partial v^\theta}{\partial r}+\frac{v^\theta}{r}\frac{\partial v^\theta}{\partial\theta}+v^z\frac{\partial v^\theta}{\partial z}-\frac{v^\theta v^r}{r}=-\frac{1}{r\rho}\frac{\partial p}{\partial\theta}+f^\theta+\frac{\mu}{\rho}\left\{\frac{\partial}{\partial r}\left[\frac{1}{r}\frac{\partial}{\partial r}(rv^\theta)\right]+\frac{1}{r^2}\frac{\partial^2 v^\theta}{\partial\theta^2}-\frac{2}{r^2}\frac{\partial v^r}{\partial\theta}+\frac{\partial^2 v^\theta}{\partial z^2}\right\} \tag{4-4-69}$$

$$\frac{\partial v^z}{\partial t}+v^r\frac{\partial v^z}{\partial r}+\frac{v^\theta}{r}\frac{\partial v^z}{\partial\theta}+v^z\frac{\partial v^z}{\partial z}=-\frac{1}{\rho}\frac{\partial p}{\partial z}+f^z+\frac{\mu}{\rho}\left[\frac{1}{r}\frac{\partial}{\partial r}\left(r\frac{\partial v^z}{\partial r}\right)+\frac{1}{r^2}\frac{\partial^2 v^z}{\partial\theta^2}+\frac{\partial^2 v^z}{\partial z^2}\right] \tag{4-4-70}$$

3. 能量方程

$$\rho c_V\frac{\mathrm{D}T}{\mathrm{D}t}=-p\boldsymbol{\nabla}\cdot\boldsymbol{v}+\Phi+\boldsymbol{\nabla}\cdot(\lambda\boldsymbol{\nabla}T) \tag{4-4-71}$$

式中,c_V 为比定容热容。将圆柱坐标系坐标变换系数 $H_1=1$、$H_2=r$、$H_3=1$ 代入式(4-4-71)中各项可得

$$\boldsymbol{\nabla}\cdot\boldsymbol{v}=\frac{\partial v^r}{\partial r}+\frac{1}{r}\frac{\partial v^\theta}{\partial\theta}+\frac{\partial v^z}{\partial z}+\frac{v^r}{r} \tag{4-4-72}$$

$$\boldsymbol{\nabla}T=\frac{\partial T}{\partial r}\boldsymbol{e}_r+\frac{1}{r}\frac{\partial T}{\partial\theta}\boldsymbol{e}_\theta+\frac{\partial T}{\partial z}\boldsymbol{e}_z \tag{4-4-73}$$

$$\boldsymbol{\nabla}\cdot(\lambda\boldsymbol{\nabla}T)=\lambda\left(\frac{\partial^2 T}{\partial r^2}+\frac{1}{r}\frac{\partial T}{\partial r}+\frac{1}{r^2}\frac{\partial^2 T}{\partial\theta^2}+\frac{\partial^2 T}{\partial z^2}\right) \tag{4-4-74}$$

$$\begin{aligned}\Phi=&\lambda(\boldsymbol{\nabla}\cdot\boldsymbol{v})^2+2\mu\left[\left(\frac{\partial v^r}{\partial r}\right)^2+\left(\frac{1}{r}\frac{\partial v^\theta}{\partial\theta}+\frac{v^r}{r}\right)^2+\left(\frac{\partial v^z}{\partial z}\right)^2\right]+\\&\mu\left[\left(\frac{1}{r}\frac{\partial v^r}{\partial\theta}+\frac{\partial v^\theta}{\partial r}-\frac{v^\theta}{r}\right)^2+\left(\frac{1}{r}\frac{\partial v^z}{\partial\theta}+\frac{\partial v^\theta}{\partial z}\right)^2+\left(\frac{\partial v^r}{\partial z}+\frac{\partial v^z}{\partial r}\right)^2\right]\end{aligned} \tag{4-4-75}$$

可以得到能量方程的展开式:

$$\begin{aligned}\rho c_V\left(\frac{\partial T}{\partial t}+v^r\frac{\partial T}{\partial r}+\frac{v^\theta}{r}\frac{\partial T}{\partial\theta}+v^z\frac{\partial T}{\partial z}\right)=&-p\left(\frac{\partial v^r}{\partial r}+\frac{1}{r}\frac{\partial v^\theta}{\partial\theta}+\frac{\partial v^z}{\partial z}+\frac{v^r}{r}\right)+\Phi+\\&\lambda\left(\frac{\partial^2 T}{\partial r^2}+\frac{1}{r}\frac{\partial T}{\partial r}+\frac{1}{r^2}\frac{\partial^2 T}{\partial\theta^2}+\frac{\partial^2 T}{\partial z^2}\right)\end{aligned}$$

4.4.4　球面坐标系中的基本方程展开式

在球面坐标系中,$u_1=r$、$u_2=\theta$、$u_3=\varphi$,坐标变换系数为 $H_1=1$、$H_2=r$、$H_3=r\sin\theta$。

1. 连续性方程

$$\frac{\partial\rho}{\partial t}+\frac{1}{H_1H_2H_3}\left[\frac{\partial(H_2H_3\rho v^1)}{\partial x^1}+\frac{\partial(H_1H_3\rho v^2)}{\partial x^2}+\frac{\partial(H_1H_2\rho v^3)}{\partial x^3}\right]=0 \tag{4-4-76}$$

代入 $H_1=1$、$H_2=r$、$H_3=r\sin\theta$，得

$$\frac{\partial\rho}{\partial t}+\frac{1}{r^2\sin\theta}\left[\frac{\partial(r^2\sin\theta\rho v^r)}{\partial r}+\frac{\partial(r\sin\theta\rho v^\theta)}{\partial\theta}+\frac{\partial(r\rho v^\varphi)}{\partial\varphi}\right]=0 \tag{4-4-77}$$

2. 运动方程

在球面坐标系中，变形速率分量 ε^{ij}、迁移项 $(\boldsymbol{v}\cdot\boldsymbol{\nabla})\boldsymbol{v}$、应力张量散度 $\boldsymbol{\nabla}\cdot\boldsymbol{\Pi}$ 的展开式如下：

$$\varepsilon^{rr}=\frac{\partial v^r}{\partial r} \tag{4-4-78}$$

$$\varepsilon^{\theta\theta}=\frac{1}{r}\frac{\partial v^\theta}{\partial\theta}+\frac{v^r}{r} \tag{4-4-79}$$

$$\varepsilon^{\varphi\varphi}=\frac{1}{r\sin\theta}\frac{\partial v^\varphi}{\partial\varphi}+\frac{v^r}{r}+\frac{v^\theta\cot\theta}{r} \tag{4-4-80}$$

$$\varepsilon^{r\theta}=\frac{1}{2}\left[r\frac{\partial}{\partial r}\left(\frac{v^\theta}{r}\right)+\frac{1}{r}\frac{\partial v^r}{\partial\theta}\right] \tag{4-4-81}$$

$$\varepsilon^{\theta\varphi}=\frac{1}{2}\left[\frac{\sin\theta}{r}\frac{\partial}{\partial\theta}\left(\frac{v^\varphi}{\sin\theta}\right)+\frac{1}{r\sin\theta}\frac{\partial v^\theta}{\partial\varphi}\right] \tag{4-4-82}$$

$$\varepsilon^{\theta r}=\frac{1}{2}\left[\frac{1}{r\sin\theta}\frac{\partial v^r}{\partial\varphi}+r\frac{\partial}{\partial r}\left(\frac{v^\varphi}{r}\right)\right] \tag{4-4-83}$$

$$\begin{aligned}(\boldsymbol{v}\cdot\boldsymbol{\nabla})\boldsymbol{v}=&\left[v^r\frac{\partial v^r}{\partial r}+\frac{v^\theta}{r}\frac{\partial v^r}{\partial\theta}+\frac{v^\varphi}{r\sin\theta}\frac{\partial v^r}{\partial\varphi}-\frac{(v^\theta)^2+(v^\varphi)^2}{r}\right]\boldsymbol{e}_r+\\&\left[v^r\frac{\partial v^\theta}{\partial r}+\frac{v^\theta}{r}\frac{\partial v^\theta}{\partial\theta}+\frac{v^\varphi}{r\sin\theta}\frac{\partial v^\theta}{\partial\varphi}+\frac{v^rv^\theta}{r}-\frac{(v^\varphi)^2}{r}\cot\theta\right]\boldsymbol{e}_\theta+\\&\left[v^r\frac{\partial v^\varphi}{\partial r}+\frac{v^\theta}{r}\frac{\partial v^\varphi}{\partial\theta}+\frac{v^\varphi}{r\sin\theta}\frac{\partial v^\varphi}{\partial\varphi}+\frac{v^rv^\theta}{r}+\frac{v^\theta v^\varphi}{r}\cot\theta\right]\boldsymbol{e}_\varphi\end{aligned} \tag{4-4-84}$$

$$\begin{aligned}\boldsymbol{\nabla}\cdot\boldsymbol{\Pi}=&\left[\frac{1}{r^2}\frac{\partial}{\partial r}(r^2\pi^{rr})+\frac{1}{r\sin\theta}\frac{\partial}{\partial\theta}(\sin\theta\pi^{r\theta})+\frac{1}{r\sin\theta}\frac{\partial\pi^{\varphi r}}{\partial\varphi}-\frac{\pi^{\varphi\varphi}+\pi^{\theta\theta}}{r}\right]\boldsymbol{e}^r+\\&\left[\frac{1}{r^2}\frac{\partial}{\partial r}(r^2\pi^{\theta r})+\frac{1}{r\sin\theta}\frac{\partial}{\partial\theta}(\sin\theta\pi^{\theta\theta})+\frac{1}{r\sin\theta}\frac{\partial\pi^{\theta\varphi}}{\partial\varphi}+\frac{\pi^{\theta r}}{r}-\frac{\cot\theta}{r}\pi^{\varphi\varphi}\right]\boldsymbol{e}^\theta+\\&\left[\frac{1}{r^2}\frac{\partial}{\partial r}(r^2\pi^{\varphi r})+\frac{1}{r\sin\theta}\frac{\partial}{\partial\theta}(\sin\theta\pi^{\varphi\theta})+\frac{1}{r\sin\theta}\frac{\partial\pi^{\varphi\varphi}}{\partial\varphi}+\frac{\pi^{\varphi r}}{r}+\frac{\cot\theta}{r}\pi^{\varphi\theta}\right]\boldsymbol{e}^\varphi\end{aligned} \tag{4-4-85}$$

其中，应力张量分量表达式 π^{ij} 与式(4-4-40)～式(4-4-45)相同。

将式(4-4-84)、式(4-4-85)及球坐标系坐标变换系数 $H_1=1$、$H_2=r$、$H_3=r\sin\theta$ 代入式(4-4-29)，便可以得到黏性流体的运动方程。对于不可压流体 $\boldsymbol{\nabla}\cdot\boldsymbol{v}=0$，代入之后展开可以得到 3 个方向的运动方程：

$$\frac{\partial v^r}{\partial t}+v^r\frac{\partial v^r}{\partial r}+\frac{v^\theta}{r}\frac{\partial v^r}{\partial\theta}+\frac{v^\varphi}{r}\frac{\partial v^r}{\partial\varphi}-\frac{(v^\theta)^2+(v^\varphi)^2}{r}=-\frac{1}{\rho}\frac{\partial p}{\partial r}+f^r+\frac{\mu}{\rho}\left[\frac{1}{r^2}\frac{\partial}{\partial r}\left(r^2\frac{\partial v^r}{\partial r}\right)+\frac{1}{r^2\sin\theta}\frac{\partial}{\partial\theta}\left(\sin\theta\frac{\partial v^r}{\partial\theta}\right)+\right.$$

$$\left.\frac{1}{r^2\sin^2\theta}\frac{\partial^2 v^r}{\partial\varphi^2}-\frac{2v^r}{r^2}-\frac{2}{r^2}\frac{\partial v^\theta}{\partial\theta}-\frac{2v^\theta\cot\theta}{r^2}-\frac{2}{r^2\sin\theta}\frac{\partial v^\varphi}{\partial\varphi}\right] \tag{4-4-86}$$

$$\frac{\partial v^\theta}{\partial t}+v^r\frac{\partial v^\theta}{\partial r}+\frac{v^\theta}{r}\frac{\partial v^\theta}{\partial\theta}+\frac{v^\varphi}{r\sin\theta}\frac{\partial v^\theta}{\partial\varphi}+\frac{v^r v^\theta}{r}-\frac{\cot\theta(v^\varphi)^2}{r}=-\frac{1}{r\rho}\frac{\partial p}{\partial\theta}+f^\theta+\frac{\mu}{\rho}\left[\frac{1}{r^2}\frac{\partial}{\partial r}\left(r^2\frac{\partial v^\theta}{\partial r}\right)+\frac{1}{r^2\sin\theta}\cdot\frac{\partial}{\partial\theta}\left(\sin\theta\frac{\partial v^\theta}{\partial\theta}\right)+\frac{1}{r^2\sin^2\theta}\frac{\partial^2 v^\theta}{\partial\varphi^2}+\frac{2}{r^2}\frac{\partial v^r}{\partial\theta}-\frac{v^\theta}{r^2\sin^2\theta}-\frac{2\cos\theta}{r^2\sin^2\theta}\frac{\partial v^\varphi}{\partial\varphi}\right] \tag{4-4-87}$$

$$\frac{\partial v^\varphi}{\partial t}+v^r\frac{\partial v^\varphi}{\partial r}+\frac{v^\theta}{r}\frac{\partial v^\varphi}{\partial\theta}+\frac{v^\varphi}{r\sin\theta}\frac{\partial v^\varphi}{\partial\varphi}+\frac{v^r v^\varphi}{r}+\frac{\cot\theta v^\theta v^\varphi}{r}=-\frac{1}{r\sin\theta\rho}\frac{\partial p}{\partial\varphi}+f^\varphi+\frac{\mu}{\rho}\left[\frac{1}{r^2}\frac{\partial}{\partial r}\left(r^2\frac{\partial v^\varphi}{\partial r}\right)+\frac{1}{r^2\sin\theta}\cdot\frac{\partial}{\partial\theta}\left(\sin\theta\frac{\partial v^\varphi}{\partial\theta}\right)+\frac{1}{r^2\sin^2\theta}\frac{\partial^2 v^\varphi}{\partial\varphi^2}-\frac{v^\varphi}{r^2\sin^2\theta}+\frac{2}{r^2\sin\theta}\frac{\partial v^r}{\partial\varphi}+\frac{2\cos\theta}{r^2\sin^2\theta}\frac{\partial v^\theta}{\partial\varphi}\right] \tag{4-4-88}$$

3. 能量方程

$$\rho c_V\frac{\mathrm{D}T}{\mathrm{D}t}=-p\nabla\cdot v+\Phi+\nabla\cdot(\lambda\nabla T) \tag{4-4-89}$$

将球面坐标系坐标变换系数 $H_1=1$、$H_2=r$、$H_3=r\sin\theta$ 代入式(4-4-89)中各项可得

$$\nabla\cdot\boldsymbol{v}=\frac{\partial v^r}{\partial r}+\frac{1}{r}\frac{\partial v^\theta}{\partial\theta}+\frac{1}{r\sin\theta}\frac{\partial v^\varphi}{\partial\varphi}+\frac{2v^r}{r}+\frac{v^\theta\cot\theta}{r} \tag{4-4-90}$$

$$\nabla T=\frac{\partial T}{\partial r}\boldsymbol{e}_r+\frac{1}{r}\frac{\partial T}{\partial\theta}\boldsymbol{e}_\theta+\frac{1}{r\sin\theta}\frac{\partial T}{\partial\varphi}\boldsymbol{e}_\varphi \tag{4-4-91}$$

$$\nabla\cdot(\lambda\nabla T)=\frac{\lambda}{r^2}\left[\frac{\partial}{\partial r}\left(r^2\frac{\partial T}{\partial r}\right)+\frac{1}{\sin\theta}\frac{\partial}{\partial\theta}\left(\sin\theta\frac{\partial T}{\partial\theta}\right)+\frac{1}{\sin^2\theta}\frac{\partial^2 T}{\partial\varphi^2}\right] \tag{4-4-92}$$

$$\Phi=\lambda(\nabla\cdot\boldsymbol{v})^2+2\mu\left[\left(\frac{\partial v^r}{\partial r}\right)^2+\left(\frac{1}{r}\frac{\partial v^\theta}{\partial\theta}+\frac{v^r}{r}\right)^2+\left(\frac{1}{r\sin\theta}\frac{\partial v^\varphi}{\partial\varphi}+\frac{v^r}{r}+\frac{v^\theta\cot\theta}{r}\right)^2\right]+\mu\left[\left(\frac{1}{r}\frac{\partial v^r}{\partial\theta}+\frac{\partial v^\theta}{\partial r}-\frac{v^\theta}{r}\right)^2+\left(\frac{1}{r\sin\theta}\frac{\partial v^\theta}{\partial\varphi}+\frac{1}{r}\frac{\partial v^\varphi}{\partial\theta}-\frac{v^\varphi\cot\theta}{r}\right)^2+\left(\frac{\partial v^\varphi}{\partial r}+\frac{1}{r\sin\theta}\frac{\partial v^r}{\partial\varphi}-\frac{v^\varphi}{r}\right)^2\right] \tag{4-4-93}$$

可以得到能量方程的展开式：

$$\rho c_V\left(\frac{\partial T}{\partial t}+v^r\frac{\partial T}{\partial r}+\frac{v^\theta}{r}\frac{\partial T}{\partial\theta}+\frac{v^\varphi}{r\sin\theta}\frac{\partial T}{\partial\varphi}\right)=-p\left(\frac{\partial v^r}{\partial r}+\frac{1}{r}\frac{\partial v^\theta}{\partial\theta}+\frac{1}{r\sin\theta}\frac{\partial v^\varphi}{\partial\varphi}+\frac{2v^r}{r}+\frac{v^\theta\cot\theta}{r}\right)+\Phi+\frac{\lambda}{r^2}\left[\frac{\partial}{\partial r}\left(r^2\frac{\partial T}{\partial r}\right)+\frac{1}{\sin\theta}\frac{\partial}{\partial\theta}\left(\sin\theta\frac{\partial T}{\partial\theta}\right)+\frac{1}{\sin^2\theta}\frac{\partial^2 T}{\partial\varphi^2}\right] \tag{4-4-94}$$

本章习题

1. 设(x_1,x_2,x_3)为 Euler 笛卡儿直角坐标系，$\boldsymbol{e}_1$、$\boldsymbol{e}_2$、$\boldsymbol{e}_3$ 为坐标方向单位矢量。已知位移

长为 $u_i(x_1,x_2,x_3,t)$，速度场为 $v_i(x_1,x_2,x_3,t)$，试写出矢量 $\boldsymbol{u}$ 对时间 t 的物质导数$\dfrac{\mathrm{d}u}{\mathrm{d}t}$的分量表达式。

2. 试写出纳维-斯托克斯方程(N-S 方程，式(4-4-12))在直角坐标系和圆柱坐标系中的物理分量展开式。

3. 若已知温度场 $T=\dfrac{A}{x^2+y^2+z^2}t^2$($A$ 为常数)，现有一流体质点以 $u=xt$、$v=yt$、$w=zt$ 运动，试求该流体质点的温度随时间的变化。设该质点在 $t=0$ 时刻的位置为 $x=a$、$y=b$、$z=c$。

4. 已知牛顿流体的速度场为 $v_1=kx_1$、$v_2=-kx_2$、$v_3=0$。(x_1,x_2,x_3)为直角坐标系；k 是常数。

(1)证明：该速度场为无旋场。

(2)求加速度场。

5. 理想气体的应力为 $\boldsymbol{\sigma}=-p\boldsymbol{I}$，试证明：理想气体的绝热过程满足能量方程。

$$\rho\frac{\mathrm{d}e}{\mathrm{d}t}=-p\boldsymbol{\nabla}\cdot\boldsymbol{v}$$

式中，p、ρ、e、$\boldsymbol{v}$ 分别是气体的压强、密度、内能和速度。

参 考 文 献

[1]孔超群, 李康先. 张量分析及其在连续介质力学中的应用[M]. 哈尔滨: 哈尔滨船舶工程学院出版社, 1986.

[2]郭仲衡. 张量:理论和应用[M]. 北京: 科学出版社, 1988.

[3]周季生. 张量初步[M]. 北京: 高等教育出版社, 1985.

[4]黄克智, 薛明德, 陆明万. 张量分析[M].3 版. 北京: 清华大学出版社, 2020.

[5]陈懋章. 粘性流体动力学基础[M]. 北京: 高等教育出版社, 2002.

[6]朱克勤,许春晓. 粘性流体力学[M]. 北京: 高等教育出版社, 2009.

[7]黄克智. 非线性连续介质力学[M]. 北京: 清华大学出版社, 1989.

[8]张若京. 张量分析教程[M]. 上海: 同济大学出版社, 2004.

[9]余天庆, 毛为民. 张量分析及应用[M]. 北京: 清华大学出版社, 2006.

[10]黄宝宗. 张量和连续介质力学[M]. 北京: 冶金工业出版社, 2012.

[11]吴望一. 流体力学[M]. 2 版. 北京: 北京大学出版社, 2021.

[12]尹幸榆, 李海旺, 由儒全. 张量分析[M]. 北京: 北京航空航天大学出版社, 2020.

[13]郑群, 高杰, 姜玉廷,等. 高等流体力学[M]. 北京: 科学出版社, 2021.

[14]周云龙, 郭婷婷. 高等流体力学[M]. 北京: 中国电力出版社, 2008.

[15]汪国强, 洪毅. 张量分析及其应用[M]. 北京: 高等教育出版社, 1992.

[16]王甲升. 张量分析及其应用[M]. 北京: 高等教育出版社, 1987.